PROTOPLASMATOLOGIA
HANDBUCH
DER PROTOPLASMAFORSCHUNG

HERAUSGEGEBEN VON

L. V. HEILBRUNN UND F. WEBER
PHILADELPHIA   GRAZ

MITHERAUSGEBER

W. H. ARISZ - GRONINGEN · H. BAUER - WILHELMSHAVEN · J. BRACHET-BRUXELLES · H. G. CALLAN - ST. ANDREWS · R. COLLANDER - HELSINKI · K. DAN - TOKYO · E. FAURÉ - FREMIET - PARIS · A. FREY - WYSSLING - ZÜRICH · L. GEITLER - WIEN · K. HÖFLER - WIEN · M. H. JACOBS - PHILADELPHIA · D. MAZIA - BERKELEY · A. MONROY - PALERMO · J. RUNNSTRÖM - STOCKHOLM · W. J. SCHMIDT - GIESSEN · S. STRUGGER - MÜNSTER

BAND III

CYTOPLASMA-ORGANELLEN

A

CHONDRIOSOMEN, MIKROSOMEN, SPHÄROSOMEN

1

LE CHONDRIOME DE LA CELLULE VEGETALE: MORPHOLOGIE DU CHONDRIOME

2

DIE SPHÄROSOMEN DER PFLANZENZELLE

WIEN

SPRINGER-VERLAG

1958

LE CHONDRIOME DE LA CELLULE VEGETALE: MORPHOLOGIE DU CHONDRIOME

PAR

P. DANGEARD

BORDEAUX

AVEC 23 FIGURES

DIE SPHÄROSOMEN DER PFLANZENZELLE

VON

E. S. PERNER

MÜNSTER/WESTFALEN

MIT 25 TEXTABBILDUNGEN

Inventarverzeichnis Nr.

WIEN

SPRINGER-VERLAG

1958

ISBN-13: 978-3-211-80487-2   e-ISBN-13: 978-3-7091-5736-7
DOI: 10.1007/978-3-7091-5736-7

Protoplasmatologia
  III. Cytoplasma-Organellen
    A. Chondriosomen, Mikrosomen, Sphaerosomen
      1. Le chondriome de la cellule végétale : morphologie du chondriome

Le chondriome de la cellule végétale: morphologie du chondriome

Par

P. Dangeard

Correspondant de l'Institut

Professeur de Botanique à la Faculté des Sciences

de Bordeaux

Avec 23 Figures

Table des matières

Introduction

L'importance du chondriome en tant que constituant cellulaire ne saurait être mésestimée. De tout temps les cytologistes ont soupçonné que le chondriome devait jouer un rôle de premier plan dans la vie cellulaire. Néanmoins après certaines déceptions concernant le rôle sécréteur du chondriome un certain scepticisme tendait à prévaloir au sujet des activités propres au chondriome. Des travaux récents dus en grande partie à · l'emploi de méthodes nouvelles d'isolement des chondriosomes et des autres constituants cellulaires ont remis en lumière l'importance du chondriome dans la physiologie cellulaire.

Inévitablement ce regain d'attention accordé au chondriome et à son rôle dans le métabolisme doit conduire à faire un examen plus minutieux des connaissances acquises sur la morphologie des chondriosomes. Or la cellule végétable se prête particulièrement aux études morphologiques sur le cytoplasme et ses constituants. D'autre part, des travaux récents ont montré l'instabilité de formes des mitochondries, et leur grande variabilité sous l'influence de divers facteurs. Leur destruction dans certains cas dans la cellule vivante et leur régénération posent des problèmes nouveaux de Cytologie expérimentale et les rapports possibles entre les mitochondries et d'autres formations cellulaires (microsomes, plastes, etc.) retiennent toujours l'attention.

On voit donc que, pour bien des raisons, une revue consacrée au chondriome de la cellule végétale, même limitée aux questions morphologiques, se justifie aujourd'hui amplement.

Historique

Le chondriome, ou ensemble des mitochondries, a été observé pour la première fois dans la cellule végétale par Meves (1904). Toutefois c'est seulement un peu plus tard que l'importance de ce constituant cellulaire fut reconnue, surtout à la suite des travaux de Pensa (1910) de Lewitzky (1911) et de Guilliermond (1912). L'idée mise en avant par Pensa et par Lewitzky que les amyloplastes et les chloroplastes tiraient leur origine des mitochondries agit comme un stimulant sur les recherches qui se développèrent à partir de cette époque et parmi lesquelles celles de Guilliermond tiennent une place importante. Dès 1912, ce savant écrivait : « nos recherches ont établi d'une manière définitive, que c'est aux dépens de ces organites (les mitochondries) que se différencient les plastes (chloro-chromo- et leucoplastes). » Cette affirmation apparaît aujourd'hui bien audacieuse et l'avenir ne l'a pas ratifiée, car la question des rapports entre plastes et mitochondries demeure controversée.

Les travaux sur le chondriome végétal, depuis 1912, ont établi par contre la présence générale des mitochondries dans l'ensemble du Règne végétal avec quelques exceptions toutefois représentées par les organismes Acaryotes ou Protocaryotes (Bactéries et Myxophycées). On doit noter cependant l'opinion de certains auteurs qui récemment ont conclu à l'existence chez les Bactéries de granulations assimilables à des mitochondries.

(DELAMATER 1952). Chez les Eucaryotes une exception notable est celle des Bangiales. Chez les Mycètes on est peu fixé sur l'existence de mitochondries dans les groupes inférieurs (Chytridiales).

Le chondriome semble présenter des caractères particuliers chez les Myxomycètes (LEWITZKY, P. DANGEARD), chez les Vauchériacées et chez les Protistes en général.

L'existence du chondriome a été recherchée, particulièrement chez les Plantes Supérieures, dans les cellules jeunes (méristèmes) et il en résulte que le chondriome des cellules adultes est souvent moins connu que celui des cellules embryonnaires. Dans les premiers travaux de GUILLIERMOND les cellules adultes, après la differenciation des chloroplastes ou des amyloplastes sont représentées plusieurs fois comme dépourvues de chondriome. Ce résultat n'a pas été confirmé et il semble bien que les cellules différenciées vivantes renferment des mitochondries dans tous les cas, mais celles-ci sont plus rares que dans les cellules méristématiques. Dans l'état actuel de nos connaissances la disparition des mitochondries dans certaines cellules adultes demeure néanmoins une possibilité.

Terminologie

Les cytologistes ne sont pas toujours d'accord sur l'usage des termes de *mitochondries, chondriosomes, chondriocontes.* D'autre part, certains auteurs ont proposé des termes nouveaux pour distinguer le chondriome végétal de celui des Animaux (*cytome* et *cytosomes* de P. A. DANGEARD, *pseudochondriome* de BOWEN).

L'usage adopté en France et ailleurs est de désigner l'ensemble des mitochondries d'une cellule ou d'un tissu sous le nom de *chondriome.* Le terme de *chondrioconte* correspond aux éléments filamenteux et il semble indifférent d'employer pour les autres éléments (grains ou bâtonnets) les termes de *mitochondries* et de *chondriosomes* bien que l'habitude se soit peu à peu établie de désigner les granules comme mitochondries et les bâtonnets comme chondriosomes. On peut douter de l'utilité de deux dénominations différentes pour des éléments aussi voisins que les grains et les bâtonnets mitochondriaux. Nous ne voyons pas en tout cas la nécessité de remplacer chondrioconte par *mitosome* et chondriome par *mitochondriome* comme le propose NEWCOMER (1951).

Méthodes d'étude
Observation vitale

L'observation directe des mitochondries dans la cellule vivante a été pratiquée de bonne heure par quelques cytologistes (PENSA). Cette observation cependant est délicate en raison de la petitesse des mitochondries et de leur faible réfringence. D'autre part, dans la période où les mitochondries et les plastes n'étaient pas suffisamment distingués les observations vitales classiques de GUILLIERMOND sur les épidermes des jeunes pétales ou des jeunes feuilles de *Tulipa* ou d'*Iris,* se sont appliquées surtout à l'étude et à la description des jeunes plastes filamenteux incolores ou pigmentés (mitoplastes) ; les jeunes plastes, ou du moins les plastes particuliers de certains épidermes se distinguent en effet facilement *in vivo* par suite de leur réfringence.

Parmi les objets favorables à l'observation vitale du chondriome citons : les cellules de la feuille d'*Elodea*, les cellules des écailles bulbaires d'*Allium Cepa*, les cellules des feuilles de Muscinées ; chez les Champignons, les siphons des *Saprolegnia* (P. A. D.) des *Mucor* ; chez les Algues, les cel-

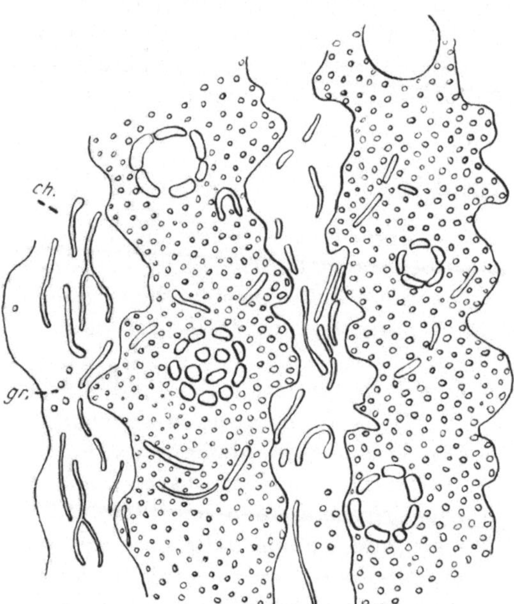

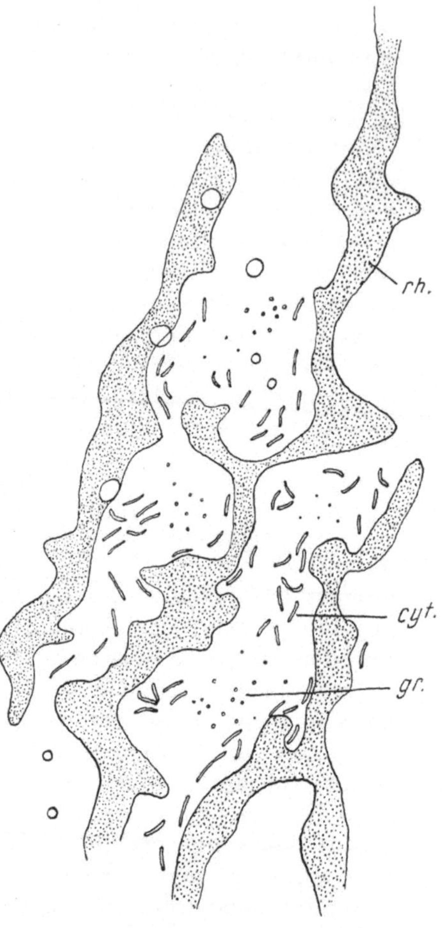

Fig. 1. Portion de cytoplasme observée *in vivo* chez un *Spirogyra* : *ch.*, chondriosomes ; *gr.*, granula ; on a figuré les *grana* des rubans chlorophylliens. × 1450.

Fig. 2. Portion de cytoplasme observée *in vivo* chez un *Ceramium* : *rh.*, rhodoplastes ; *cyt.*, chondriosomes ; *gr.*, *granula* ou cytomicromes. × 1500.
(D'après P. Dangeard 1932.)

lules de diverses Diatomées, des *Spirogyra* (Fig. 1), de diverses Phéophycées et Rhodophycées (*Ectocarpus, Callithamnion,* etc.) (Fig. 2).

Colorations vitales

Le chondriome peut être coloré dans la cellule vivante par divers colorants (violet Dahlia, violet de méthyle 5 B, vert Janus B). On devrait y ajouter, d'après Guilliermond et Gautheret (1940) et Gautheret (1949), plusieurs autres colorants parmi lesquels le violet de gentiane, le crystal violet et le violet Hoffmann. Le vert Janus semble être parmi ces colorants le moins toxique, de sorte qu'on a obtenu des colorations de chondriosomes dans des cellules incontestablement vivantes. Il en est de même avec le violet de méthyle 5 B qui est également un des meilleurs colorants vitaux du chondriome.

Méthodes de fixation et de coloration

La mise en évidence du chondriome nécessite l'emploi de méthodes spéciales de fixation et de coloration. Les fixateurs ordinaires utilisés principalement pour l'étude du noyau détruisent en général le chondriome. Ces fixateurs en effet sont des mélanges qui contiennent presque toujours une forte proportion d'acide acétique ou parfois d'alcool auquel il faut attribuer la destruction des chondriosomes.

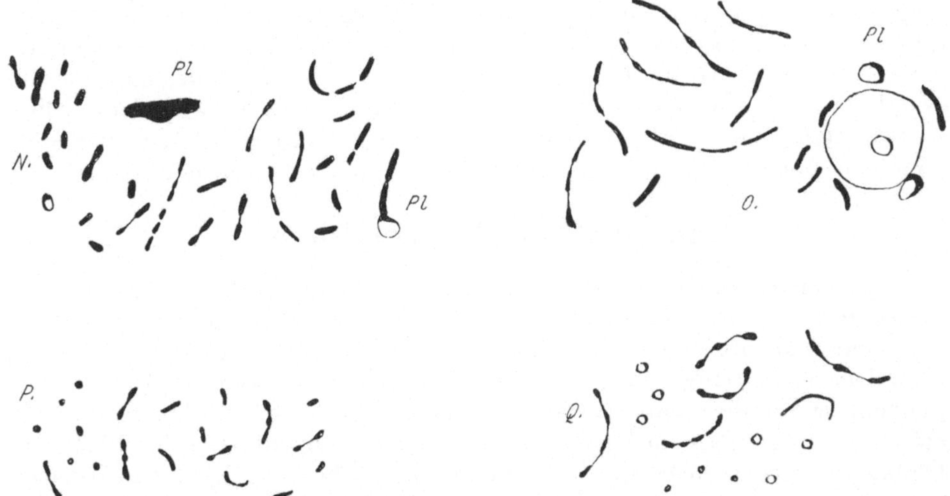

Fig. 3. Exemples de chondriosomes : *N, Allium Cepa* écailles bulbaires ; *O, Scorsonera* racine tuberculeuse ; *P, Vicia Faba*, radicule ; *Q, Lupinus albus*, radicule. Plastes (*Pl.*) représentés dans certains cas. Méthode de REGAUD. × 1450.

Les principales méthodes mitochondriales employées en histologie sont les méthodes d'Altmann, de Benda, de Meves, de Regaud, d'Alvarado, de Zenker, de Helly, de Champy, etc.

Les fixateurs mitochondriaux sont des mélanges dans lesquels entrent en diverses proportions, associés diversement, le formol, le bichromate de potasse, le sublimé, l'acide chromique, l'acide osmique. Les colorants utilisés sont la fuchsine acide (Altmann), l'hématoxyline de Heidenhain (Regaud), alizarine et cristal violet (Benda). Une coloration combinée à la fuchsine acide et au bleu de toluidine constitue le principe de la méthode de Kull employée avec succès par ORTIZ CAMPO (1948) et qui peut être considérée comme une modification de la technique classique d'Altmann. Les imprégnations métalliques à l'argent ou l'osmium ont été employées également avec plus ou moins de succès pour mettre en évidence les mitochondries. Aucune des méthodes dites mitochondriales ne peut être considérée comme spécifique. Aussi est-il souvent nécessaire de compléter les résultats obtenus par les méthodes histologiques au moyen de l'observation vitale ou par l'emploi des colorants vitaux.

Méthodes d'observation

En dehors du microscope ordinaire, le microscope à contraste de phases a été utilisé plus récemment, comme aussi le microscope électronique. Le microscope à contraste de phase facilite beaucoup l'observation vitale du chondriome végétal et le microscope électronique permet l'étude des infrastructures.

Méthodes d'isolement

Nous n'insisterons pas sur les méthodes d'isolement des mitochondries car c'est surtout aux cellules animales que ces techniques ont été appliquées (Bensley et Hoerr 1934; Claude et E. F. Fullam 1945). Dans les années récentes des mitochondries végétales ont été également isolées à maintes reprises, mais non sans avoir été sans doute plus ou moins fortement altérées (voir à ce sujet la revue de D. P. Hackett. 1955). Ces méthodes ont joué un grand rôle dans l'établissement du rôle biochimique des mitochondries. Elles sont actuellement en plein essor, mais elle ne sauraient se substituer à la Cytologie pour l'étude morphologique et physiologique du chondriome.

Morphologie du chondriome

Les éléments du chondriome végétal se présentent le plus souvent sous forme de très petites granulations (mitochondries granuleuses) ; de bâtonnets courts ou plus ou moins allongés et de filaments droits ou flexueux (chondriocontes) (Fig. 3, 4, 5). Les formes filamenteuses du chondriome peuvent se ramifier dans certains cas et des réseaux mitochondriaux ont été décrits dans des cas assez rares, particulièrement chez les Protistes. Dans des circonstances qui relèvent de la pathologie, les chondriosomes peuvent s'agglomérer de façon à constituer des pelotons enchevêtrés, des réseaux, voire même des lames ajourées (Buvat). Nous reviendrons sur ces formes anormales du chondriome dans un paragraphe spécial.

On admet généralement que les diverses formes des mitochondries peuvent passer de l'une à l'autre, autrement dit que les granulations peuvent s'allonger en bâtonnets ou en filaments et que réciproquement des filaments ou des bâtonnets sont susceptibles de se fragmenter ou même de se résoudre en granulations. Par rapprochement de deux ou d'un plus grand nombre de mitochondries une soudure ou des anastomoses semblent devoir être possibles, néanmoins suivant l'opinion de Guilliermond la mise au contact de deux chondriosomes ne donnerait jamais lieu à une soudure durable entre ces éléments. Par contre, récemment, Buvat a considéré comme très vraisemblable que des chondriosomes en bâtonnets alignés puissent, en se soudant bout à bout, se transformer en de longs chondriocontes. Il n'est pas niable que les mitochondries granuleuses ou en bâtonnets s'observent fréquemment disposées en chaînettes (Fig. 3). Cette disposition est à l'origine du terme de *chondriomite,* employé autrefois pour désigner les alignements de mitochondries granuleuses et qui est beaucoup moins usité aujourd'hui. Si l'on admet, comme il semble nécessaire, qu'un chondrioconte peut dans certaines circonstances se fragmenter en éléments

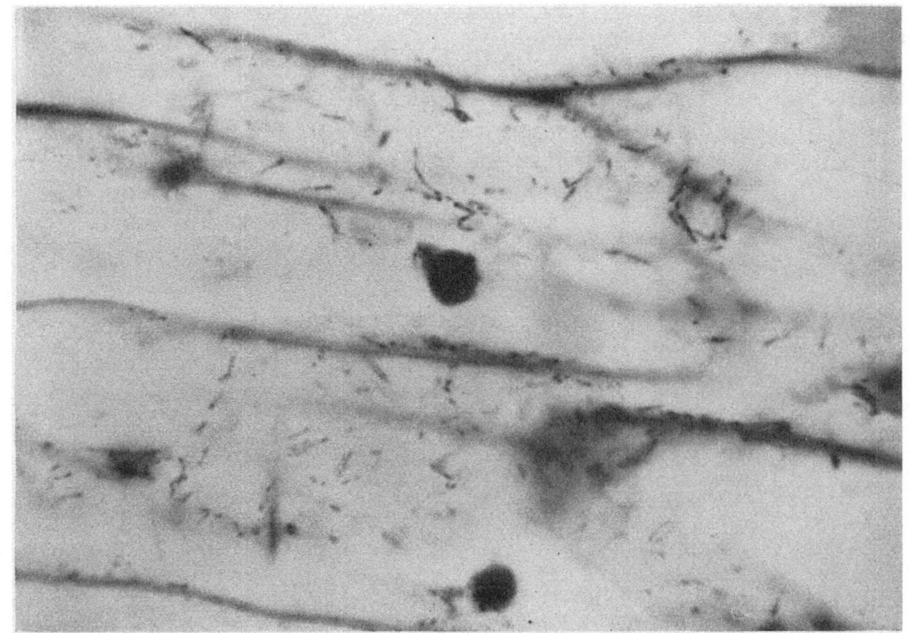

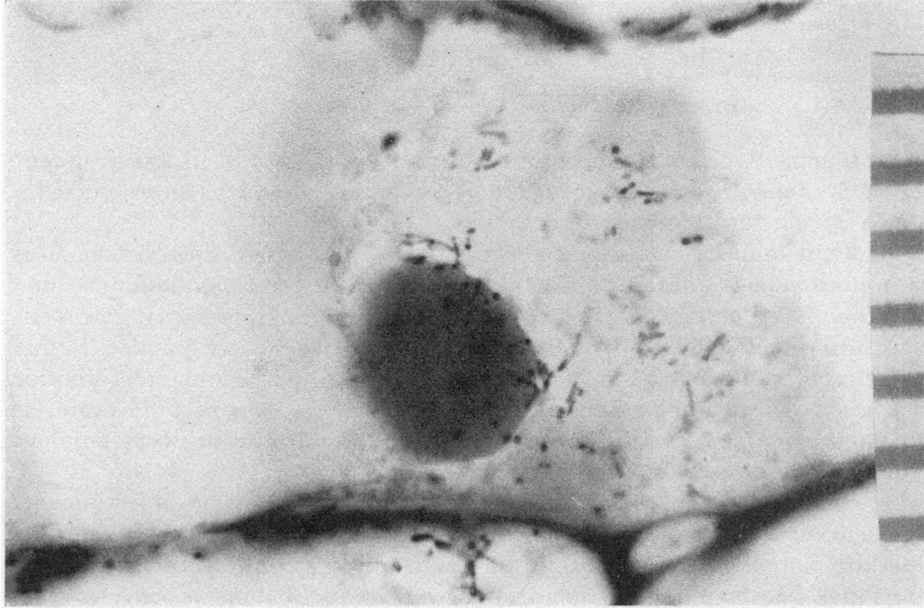

Fig. 4. Le chondriome dans l'Oignon (écaille bulbaire) à gauche et dans le Scorsonère (racine tuberculeuse) à droite. Méthode de REGAUD, ×1000.

plus petits, la disposition en file de certains chondriosomes s'explique, mais il semble que, plus souvent encore, la mise bout à bout des granulations mitochondriale soit tout simplement due à leur incorporation dans un mince trabécule cytoplasmique.

En dehors des types les plus courants de mitochondries, une étude attentive, particulièrement dans les Plantes Supérieures, révèle une grande variété de forme de ces éléments : à côté des mitochondries granuleuses, en bâtonnets et en filaments il existe normalement des mitochondries vésiculeuses (Fig. 3, Q). Ces dernières ont été décrites également chez les

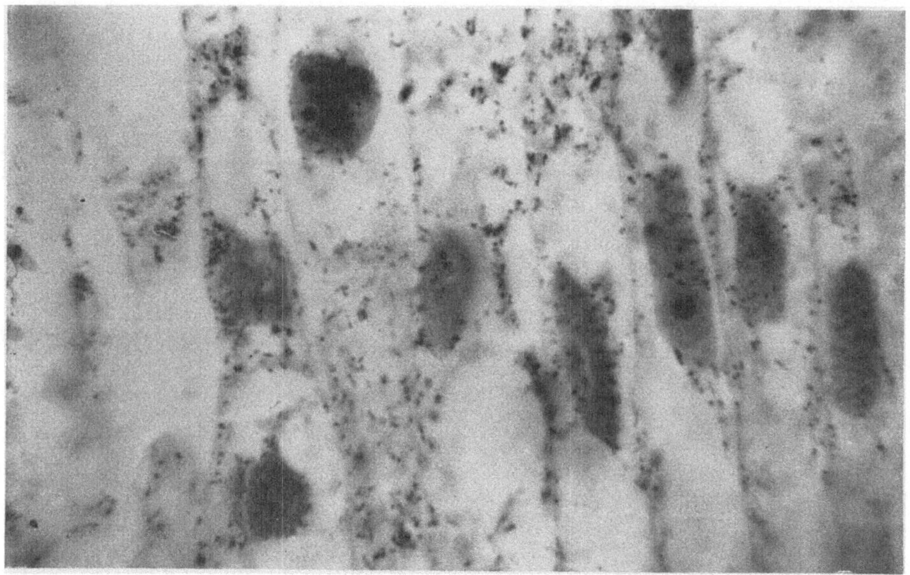

Fig. 5. *Pinus pinaster* : chondriome dans la radicule. Méthode de Regaud. ×1000.

Champignons (Guilliermond, Duchaussoy 1936) (Fig. 19). Il est fréquent également dans ce dernier groupe d'observer des chondriocontes porteurs d'une vésicule terminale ou intercalaire.

On a pu croire pendant un certain temps que ces formes vésiculeuses des mitochondries étaient anormales et qu'elles correspondaient à une altération (voir p. 12), mais il apparaît que ce n'est pas exact. Les vésicules mitochondriales pourraient dans certains cas correspondre à une substance sécrétée par la mitochondrie et cette hypothèse a été formulée à l'origine pour le chondriome des Champignons. Il est probable toutefois que, dans la majorité des cas, les vésicules mitochondriales ne correspondent à aucune sécrétion connue.

Le chondriome se présente encore parfois sous forme de filaments anastomosés en un réseau. L'existence d'un chondriome réticulé est d'ailleurs toujours exceptionnelle, même dans la cellule animale et il ne paraît pas que ce type de chondriome soit fréquent dans la cellule végétale : c'est surtout chez les Protistes et chez certaines Algues que l'existence de tels réseaux paraît démontrée avec certitude (Hovasse, Chadefaud)

(Fig. 7). Nous en avons observés également chez un Champignon le *Clathrus cancellatus* (Fig. 6). Chez les Plantes Supérieures les réseaux mitochondriaux paraissent toujours de nature pathologique (Buvat, P. Dangeard).

L'observation vitale des mitochondries dans des cellules animées de mouvements de cyclose du protoplasme a montré que ces éléments étaient déformables et qu'ils subissaient, sous l'action des courants siégeant au sein de la matière vivante, des changements incessants et relativement rapides. Ces observations conduisent à attribuer aux chondriosomes la valeur d'inclusions d'une substance en apparence homogène et malléable, sans membrane propre différenciée et sans forme rigoureusement définie.

On s'explique ainsi que les mitochondries granuleuses soient rarement des sphérules régulières et que les bâtonnets ou les filaments mitochondriaux ne soient pas en général exactement calibrés. Les formes en haltères qui sont fréquentes s'expliquent peut-être, assez sou-

Fig. 6. *Clathrus cancellatus* : chondriome filamenteux et réticulé dans le tissu du réceptacle. Méthode de Regaud. × 1600.

vent, comme des images de la division en deux d'un bâtonnet ou d'un grain. Les aspects de filaments moniliformes qui sont assez fréquents parfois pourraient s'expliquer également par des figures de division répétées non suivies d'effet. Certains auteurs (Meites) les ont interprétées comme une preuve de l'hétérogénéité foncière des chondriosomes tandis que d'autres savants comme Emberger (1927) admettent que les chondriomites sont des artifices de préparation, « et qu'il s'agit toujours de chondriocontes partiellement décolorés ».

La structure fine des mitochondries peut être étudiée seulement au moyen de méthodes spéciales, car l'observation vitale au microscope ordinaire ne révèle aucune structure particulière à leur intérieur. Après fixation et coloration certains chondriocontes apparaissent il est vrai hétérogènes, comme s'ils étaient constitués par des chondriosomes en bâtonnets ou en grains placés les uns à la suite des autres et réunis par une substance incolore. Cette « hétérogénéité » peut correspondre à des filaments mitochondriaux en train de se morceler.

Structure inframicroscopique

Dans l'observation sur fond noir les mitochondries demeurent invisibles ou seulement entourées d'un léger contour lumineux. Par contre le microscope électronique révèle, dans les chondriosomes, l'existence d'une double membrane d'enveloppe dont le feuillet interne présente de nombreux replis (Zollinger 1950 ; E. Palade 1952 ; Sjöstrand 1953) : ceux-ci, dans un chondrioconte, sont visibles sous forme de travées transversales, disposées parallèlement les unes aux autres et assez régulièrement, à l'intérieur d'une substance interne ou matrice ; s'il s'agit d'une mito-chondrie granuleuse, ces replis ont une direction générale radiaire. On appelle ces lamelles les crêtes m i t o c h o n d r i a l e s (c r i s t a e) et l'on admet qu'elles ont pour rôle d'augmenter les surfaces actives des chon-driosomes (Fig. 8). Les crêtes mitochondriales ont été observées tout d'abord dans les cellules animales, mais elles ont été retrouvées dans les cellules

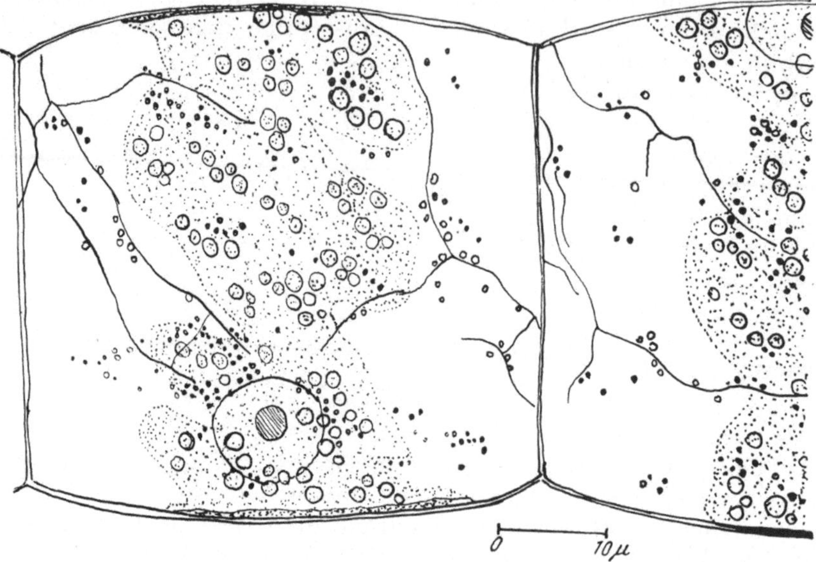

Fig. 7. *Draparnaldia glomerata* : chondriome filamenteux et réticulé dans les grandes cellules du thalle, *in vivo*. (D'après Chadefaud 1935.)

végétales où elles semblent toutefois moins nettement marquées. Ces crêtes pourraient être accompagnées de t u b u l e s ou de v i l l o s i t é s (Fig. 8 c), comme il en a été décrit dans les cellules des Protozoaires (K. E. Wohlfarth-Bottermann 1957) et de quelques algues (Leyon and von Wettstein 1954 ; Manton 1955 ; Manton and Clarke 1956 ; Greenwood, Manton, and Clarke 1957).

Dimensions des chondriosomes

Nous sommes mal documentés sur les dimensions des chondriosomes. Leur taille se tient le plus souvent au dessous de celle des bactéries ordi-naires. Très souvent les mitochondries granuleuses observées dans les radicules se présentent comme des grains fortement colorables ayant une fraction de micron d'épaisseur. Quatre à cinq dixièmes de micron semble une dimension très courante et même moins. Suivant les plantes la di-mension des chondriosomes varie : c'est ainsi qu'ils sont très petits dans les radicules de Pin maritime, Lupin blanc, Maïs, de taille moyenne dans la Courge, relativement très gros dans l'*Allium Cepa* (écailles du bulbe), l'*Arum italicum* (radicule), le Scorzonère. La taille des mitochondries varie d'ailleurs dans une même plante suivant les tissus.

Origine des chondriosomes

On admet généralement que les chondriosomes sont des éléments constants du cytoplasme se multipliant les uns à partir des autres par division, au même titre que les plastes. Ce seraient des éléments doués de continuité génétique. Cette manière de voir devrait s'appuyer sur des observations de la division des chondriosomes mais, au moins en ce qui concerne la cellule végétale, la division des mitochondries n'a pas été fréquemment démontrée. Des observations vitales de la chondriodiérèse sont dues à GUILLIERMOND (1927) et EMBERGER (1929). Dans les préparations fixées, des stades « en haltère » sont assez fréquents et doivent être sans doute interprétés comme des images de la division de mitochondries en bâtonnets.

Même si l'on attribue aux mitochondries, comme il semble légitime de le faire, le pouvoir de se multiplier par voie de division, il n'est pas nécessairement exclu que de nouvelles mitochondries ne

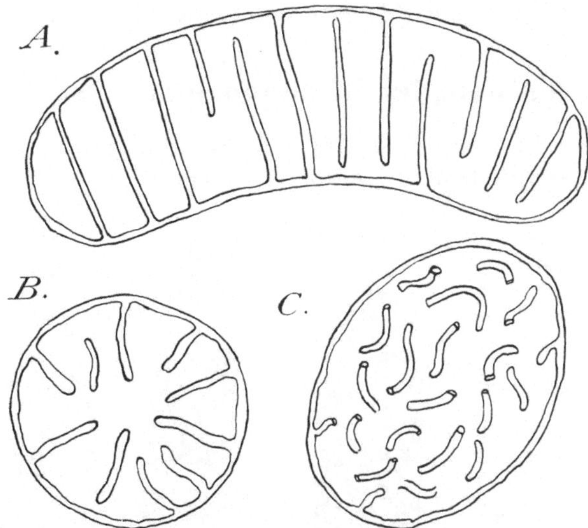

Fig. 8. Structure inframicroscopique des mitochondries révélée par le microscope électronique : *A*, chondrioconte et *B*, mitochondrie granuleuse montrant des « crêtes » ou replis à orientation transversale ou radiale ; *C*, mitochondrie montrant des « tubules » ou microvillosités.

puisse naître au sein du cytoplasme par formation directe (néoformation) ou par l'agrandissement de particules plus petites, invisibles normalement du type des « microsomes » ou *cytogranula*. Les préparations fixées permettent de constater fréquemment, à l'intérieur des cellules jeunes, la présence de mitochondries granuleuses de tailles très diverses dont les plus petites peuvent difficilement s'expliquer sans admettre une néoformation ou une formation aux dépens de minuscules « granula ». La démonstration d'un tel phénomène est difficile à fournir ; cependant nous verrons que la question peut être abordée par la voie expérimentale.

Variations du chondriome suivant les conditions physiologiques

Le chondriome est susceptible de varier suivant les conditions physiologiques. Outre le nombre des mitochondries qui dépend beaucoup de la nature des cellules et de leur activité, la forme, la taille des chondriosomes sc modifient suivant les conditions du métabolisme. Malheureusement, les travaux sur cette question sont très peu nombreux dans la cellule végétale. Un exemple très remarquable de cette variabilité nous est apporté par Hovasse (1948) chez les Euglènes (Fig. 9). Comme l'écrit justement ce savant : « Il semble que l'on se fasse une conception beaucoup trop statique de celui-ci (le chondriome) ; loin de constituer un élément fixe dans la cellule, le chondriome y est extrêmement variable, son aspect et son volume dépendant de l'état physiologique et des conditions de milieu. »

L'étude des modifications d'ordre pathologique subies par le chondriome confirme encore ce caractère de plasticité.

Pathologie du chondriome : cavulation et vésiculisation

Les mitochondries ont été toujours considérées comme des éléments essentiellement fragiles de la cellule. Cependant il y a des degrés dans cette

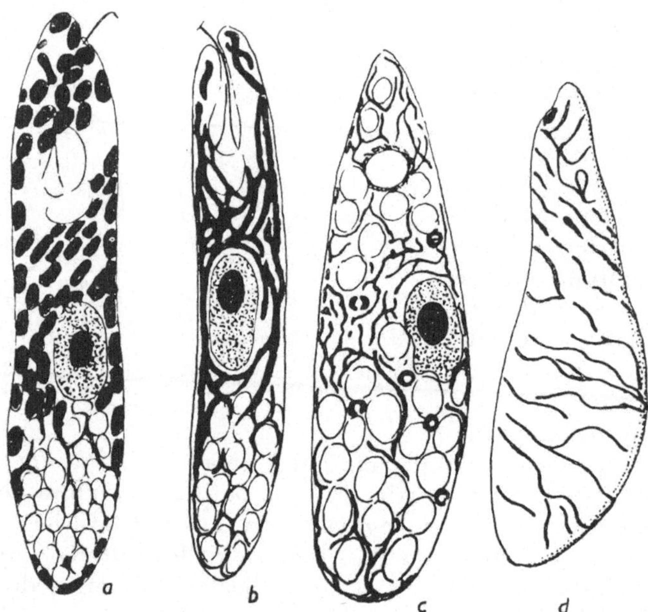

Fig. 9. *Euglena gracilis* incolore : Modifications du chondriome suivant le milieu. *a* et *b*, culture sur terreblé ; *c* et *d*, peptone acétate de Na ; *c*, coupe axiale. *d*, vue en surface ; en *c*, nombreux dictyosomes.
(D'après Hovasse 1948.)

fragilité et toutes les cellules ne se comportent pas de la même façon. En général on attribue à Guilliermond la description des altérations subies par le chondriome sous l'action des milieux hypotoniques en particulier par l'action de l'eau ordinaire ou de l'eau distillée. Il est bon toutefois de souligner que là ou ces altérations ont été signalées en premier lieu, comme dans les jeunes pétales de Tulipe et dans les bractées de la fleur d'*Iris germanica* (Guilliermond 1917), il s'agissait surtout, sinon exclusivement, de leucoplastes filamenteux. Or nous savons aujourd'hui que les modifications pathologiques des plastes et des chondriosomes ne sont nullement superposables (P. DANGEARD 1942). Nous retiendrons cependant comme s'appliquant strictement au chondriome les travaux de GUILLIERMOND (1920) et de MILOVIDOV (1929) sur la sensibilité des chondriosomes de *Saprolegnia* aux diverses causes d'altération.

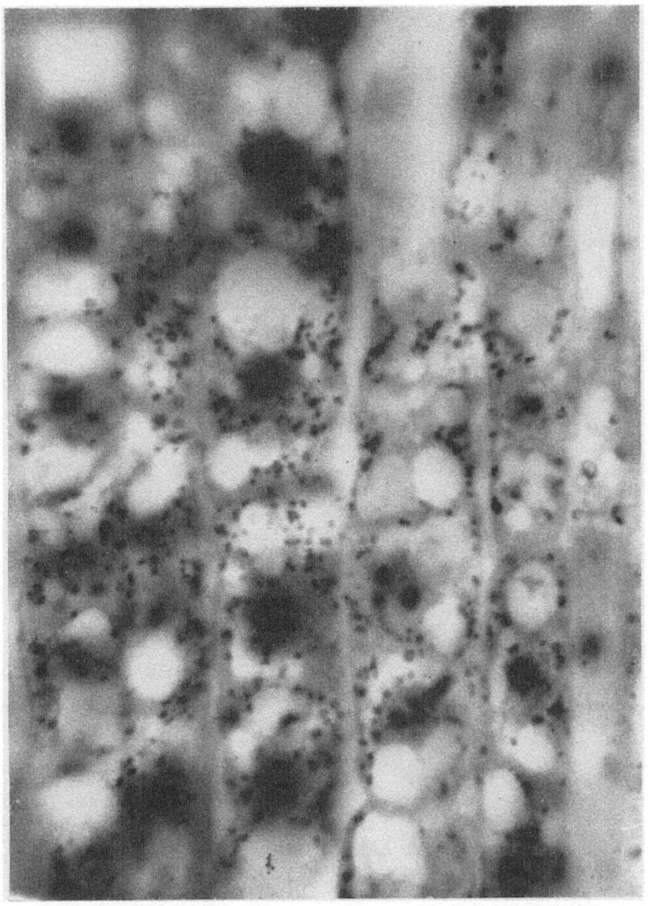

Fig. 10. Hypertrophie et cavulation des chondriosomes observés dans la radicule du Pois après un traitement d'une heure par l'eau acétique à 1 p. 1000. Méthode de REGAUD. × 1000.

L'observation vitale des mitochondries montre que le premier stade de l'altération du chondriome se traduit par la transformation des bâtonnets et des filaments en sphérules d'abord homogènes et cela quel que soit l'agent causal, à condition que son action soit suffisamment lente et progressive. Il s'agit là d'hypertrophie qui caractérise un premier degré de modifications.

Un stade plus avancé d'altération des mitochondries a été décrit sous le nom de *cavulation* (PROWAZEK 1909) : dans la partie centrale d'une sphérule mitochondriale, d'abord homogène, apparaît un espace clair qui s'agrandit peu à peu (Fig. 10). Du stade de la mitochondrie cavulée on passe à la mitochondrie *vésiculisée*, c'est-à-dire transformée en vésicule plus ou moins grosse et pourvue d'une paroi distendue et très mince (Fig. 11). La présence de vésicules mitochondriales, auxquelles s'ajoutent souvent des vacuoles de néoformation, donne au cytoplasme des cellules altérées l'apparence spumeuse ou alvéolaire bien connue qui traduit un fort degré de modifications cellulaires en général irréversibles (P. Dangeard 1942). Cepen-

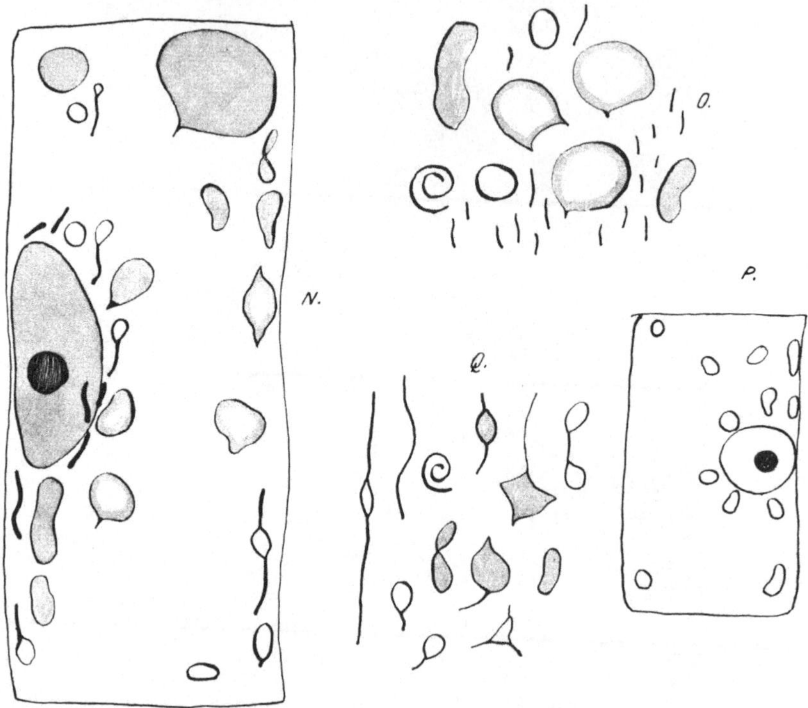

Fig. 11. Formes pathologiques présentées par le chondriome : *N*, dans une cellule de la radicule de Courge après un traitement 50 min. par l'eau acétique à 1 p. 1000 et le retour dans l'eau ordinaire 24 h. ; *O*, dans la radicule de Pois après un traitement de 12 min. dans l'eau acétique à 1 p. 100 et retour dans l'eau 24 h ; *P*, cavulation des chondriosomes dans une cellule de la radicule de Pois ; *Q*, dans le Pin maritime après 30 min. dans l'eau acétique à 1 p. 100 et l'eau ordinaire pendant 24 h. Méthode de Regaud. × 1450.

dant il peut arriver qu'une partie seulement du chondriome soit transformée en vésicules et que celles-ci, après avoir évolué un certain temps au sein du cytoplasme, finissent par se résorber.

La cavulation et la vésiculisation des mitochondries s'obtiennent facilement par l'action d'acides dilués sur les cellules vivantes (P. Dangeard 1942). En suivant pas à pas ces altérations on constate que la simple hypertrophie et même le début de la cavulation des chondriosomes sont des phénomènes parfaitement réversibles.

Les vésicules mitochondriales provoquées par l'action de l'acide acétique dilué peuvent être observées comme l'a montré P. Dangeard (1951) après

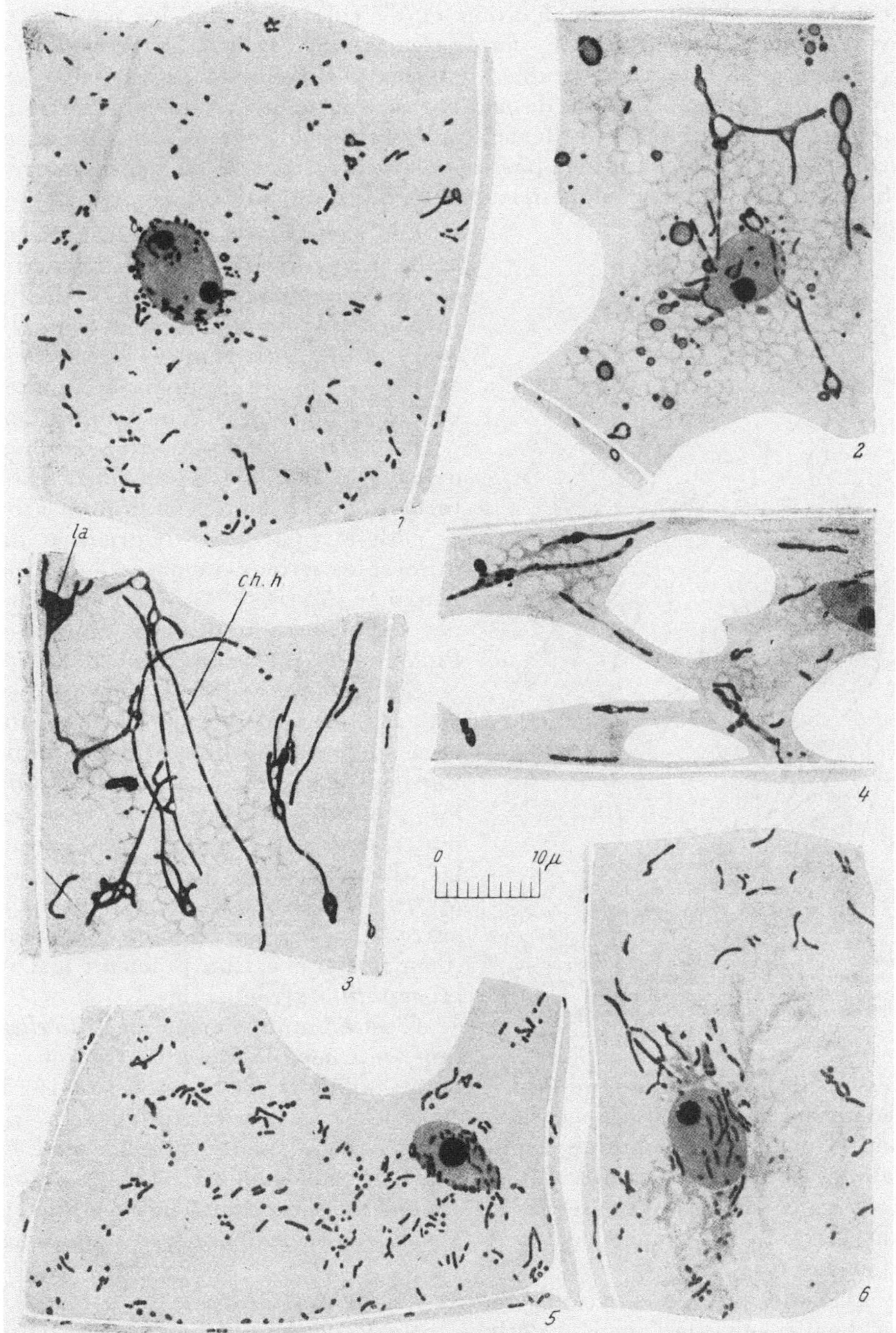

Fig. 12. **Effets de l'eau sur les cellules radiculaires de Scorsonère d'après** Buvat (1948). La figure 1 représente l'aspect du cytoplasme des cellules de parenchyme libérien fixées avant tout traitement et la figure 5 l'état du cytoplasme d'une cellule traitée dont le chondriome est redevenu semblable à celui des témoins non-immergés. (Accoutumance au moins provisoire à l'immersion.) Les figures 2, 3, 4 montrent les modifications du chondriome sous l'effet de l'eau.

l'emploi des techniques de fixation et de coloration qui les mettent en évidence dans les cellules en voie de réparation (Fig. 11). La taille des ces vésicules peut être considérable, supérieure à celle du noyau et à leur intérieur il demeure un peu de matière chromatique ; ce sont des sortes de membranes irrégulières et nous les désignerons comme des *formes en drapeaux*. Elles ne résultent pas de confluences comme les lames ajourées observées par Buvat et dont nous parlerons plus loin.

Les auteurs qui ont décrit récemment la cavulation et la vésiculisation des mitochondries ont soumis les cellules à des milieux comme l'eau ordinaire ou l'eau distillée. D'après Buvat l'eau en excès dans le cytoplasme jouerait un grand rôle dans ce type d'altérations.

Un autre type d'altération du chondriome a été signalé : il s'agit de la transformation en granules ou granulisation et celle-ci peut être déterminée par différentes actions comme celle de l'eau benzinée (Meites 1944, p. 22) ou encore par l'effet des narcotiques (Mascré et Picard 1933 ; Picard ; Rollen).

Si l'action est suffisamment poussée les granules s'agglutinent en sphérules et ce stade d'altération est irréversible. Par contre, s'il n'y a pas agglutination, les granules alignés (chondriomites) pourraient se ressouder et redonner les chondriocontes primitifs. D'après Meites (1944, p. 27) « le balancement entre la forme chondriomite et la forme chondrioconte est un précieux test de *réversibilité* structurale ».

C'est à un phénomène de *granulisation* que semble aboutir l'action du

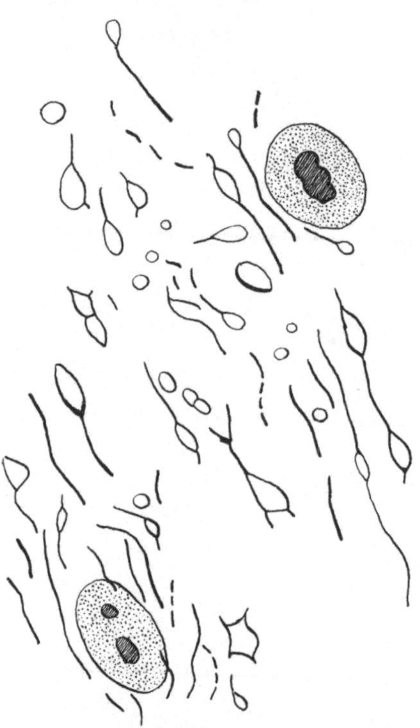

Fig. 13. Chondriosomes dans la radicule de Pois (cellules procambiales) après action du déssèchement (2 h. à θ = 20°) suivi de rehydratation pendant 24 h. : longs filaments et vésicules ; la limite des cellules n'est pas indiquée. Méthode de Regaud.

déssèchement qui a été étudié sur diverses radicules (P. Dangeard 1951) : le chondriome se transforme entièrement en mitochondries granuleuses très petites dont la chromaticité diminue peu à peu, de sorte qu'à la limite les cellules peuvent apparaître dénuées de tout chondriome visible. Au retour dans les conditions normales les mitochondries réapparaissent avec souvent une certaine abondance de formes vésiculeuses, de bâtonnets et de longs filaments (Fig. 13).

Dans des recherches récentes, Buvat a signalé un autre mode d'altération du chondriome que l'on peut désigner sous le nom de *filamentisation* ou de *réticulation*. Il a été obtenu par l'action de l'eau sur les racines de Chicorée. L'auteur décrit ainsi ces transformations : certains chondriosomes se *vésiculisent* et peuvent atteindre un volume supérieur à celui du noyau.

D'autres chondriosomes *s'hypertrophient* sans se vésiculiser... Ils ont tendance à s'associer par leurs extrémités en *grands ensembles arborescents* à structure hétérogène. D'autres processus de *confluences,* donnent naissance à des *réseaux* ou à des *lames ajourées* de nature mitochondriale » (Fig. 12).

Les altérations de ce type, signalées par BUVAT sous l'action de l'eau sont en général réversibles.

Destruction du chondriome

On sait depuis longtemps que le chondriome est détruit par les fixateurs ordinaires renfermant de l'acide acétique. Il est moins connu que le

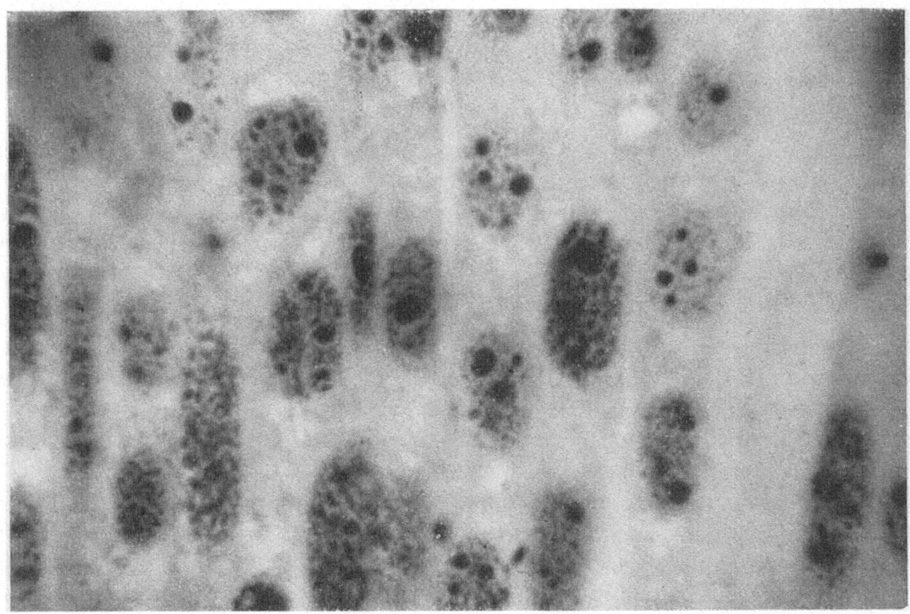

Fig. 14. Cellules de la radicule de Pin maritime dont le chondriome a été détruit par immersion trois heures dans l'eau acétique à 1 p. 1000. Méthode de REGAUD. Remarquer l'excellent état des noyaux et l'absence de plasmolyse caractérisant des cellules encore vivantes. × 1000.

chondriome peut être détruit par l'action ménagée de l'acide acétique dans la cellule encore vivante (P. DANGEARD 1941). La destruction du chondriome a été observée au cours d'observations vitales, en particulier dans les cellules des poils de Courge (*Cucurbita Pepo*) : elle peut être suivie au moyen de solutions d'acide acétique à 1 % ou à 1‰ ; le chondriome, d'abord hypertrophié, puis cavulisé, se transforme en vésicules à parois minces et enfin celles-ci se détruisent et sont résorbées dans les cellules en survie replacées dans un milieu normal. La destruction du chondriome peut encore être obtenue sur des radicules de diverses plantes que l'on a immergées pendant un temps convenable dans une solution d'acide acétique à 1 p. 1000. L'observation de la destruction du chondriome se fait au moyen de la méthode des fixations et des colorations (suivant Regaud par exemple). Les cellules dont le chondriome a été détruit montrent un cytoplasme homogène creusé de vacuoles claires : toute trace de chondriosomes peut avoir disparu et cependant il s'agit de cellules vivantes comme le montre l'état du cytoplasme et du noyau (Fig. 14), la comparaison avec les cellules mortes voisines reconnaissables à leur noyau pycnotique et la faculté de régénération des méristèmes radiculaires qui groupent de telles cellules.

La possibilité d'une destruction du chondriome par l'action de l'eau a été envisagée dans les travaux de R. Buvat (1948) ; mais au cours de son étude des altérations cellulaires produites par l'eau, ce savant n'a jamais observé la disparition d'une fraction importante et a *fortiori* de la totalité du chondriome. D'après nos observations sur le même matériel (racines de Chicorée) étudié par R. Buvat, nous avons vérifié que le chondriome dans son ensemble était conservé, mais il apparaît que sous l'action de l'eau, néanmoins, certains chondriosomes peuvent subir une lyse progressive et qu'ils perdent leur chromaticité.

Parmi d'autres substances qui peuvent amener la destruction du chondriome citons les anesthésiques, chloroforme et éther, dont l'action a été étudiée par Mascré et Picard (1933), de l'hydrate de chloral (Garrigues 1940 ; Dangeard et Parriaud 1953). L'hydrate de chloral, à certaines doses, peut, tout comme l'acide acétique, amener la destruction du chondriome dans la cellule encore vivante.

L'action des températures élevées sur la cellule végétale a conduit des auteurs comme Policard et Mangenot (1922) à voir dans les mitochondries des éléments particulièrement sensibles et qui seraient détruits presque instantanément à une température de 45 à 50 degrés. D'autres travaux ont conclu à une résistance aux températures élevées du même ordre que celle du protoplasme lui-même (A. Famin 1933). Dans leur Traité de Cytologie (1933, p. 77) Guilliermond, Mangenot et Plantefol, résument ainsi l'essentiel de ces travaux : « Les chondriosomes deviennent ... beaucoup moins visibles à une certaine température (45—50⁰), par suite d'une modification de viscosité du cytoplasme. En même temps, ils subissent des altérations (fragmentations des chondriocontes en boules et vésiculisation). Leur étude après fixation montre que leur chromaticité a diminué. Mais ces éléments persistent jusqu'à la température où se produit la coagulation du protoplasme, c'est-à-dire jusqu'à environ 60—70⁰ pour les cellules des Phanérogames et 58⁰ pour le *Saprolegnia.* »

L'influence de diverses températures sur le chondriome des radicules de *Zea Mays* a été étudiée par Mme Radu (1943—44). D'après cet auteur une élévation de température dans des conditions compatibles avec la vie entrainerait une évolution particulière du chondriome qui passerait par une phase granulaire caractéristique. A une élévation de température correspondrait un accroissement du chondriome. Dufrénoy (1947) a étudié les conséquences cytochimiques du chauffage des tissus à des températures comprises entre 50 et 56⁰ C. D'après Dufrénoy les tissus de Canne à sucre soumis à une température de 56⁰ pendant vingt minutes montrent des mitochondries qui apparaissent gonflées et avec un contour diffus, indiquant que le traitement thermique a favorisé la disjonction des complexes phosphorés. Le chauffage affecterait donc les complexes ribonucléiques dans les mitochondries.

Dans des recherches poursuivies sur les radicules de diverses plantes soumises à l'action des températures élevées nous avons attaché la plus grande importance au facteur temps. Nous avons ainsi constaté que le chondriome des tissus radiculaires peut être détruit à des températures très diverses si le temps d'action est suffisant. Ainsi la destruction complète du chondriome peut être obtenue, dans certains cas, à une température ne dépassant pas 42⁰. Il est donc prouvé que le chondriome peut être détruit à une température très inférieure à celle qui produit la coagulation du protoplasme. En étudiant la durée du traitement thermique nécessaire pour entrainer tout juste

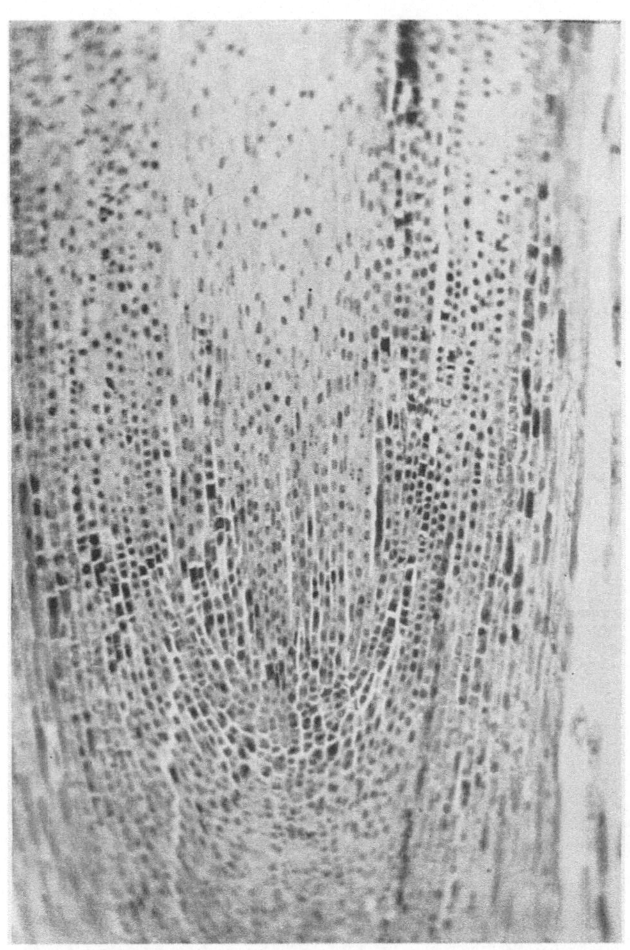

Fig. 15. Méristème de la radicule de Pin maritime ayant été immergée dans l'eau à 55⁰ pendant 6 minutes. Méthode de REGAUD. L'absence ou la rareté des cellules nécrosées se manifeste sur ce cliché. × 1000.

la destruction du chondriome aux diverses températures s'échelonnant entre 40 et 60⁰, nous avons constaté que le chondriome pouvait être complétement détruit dans des cellules par ailleurs encore vivantes. La méthode de Regaud permet de faire cette observation de cellules ayant conservé leur intégrité et dont le noyau et le cytoplasme ont gardé leurs propriétés chromatiques habituelles. Ces cellules sont cependant entièrement dépourvues de mitochondries après un traitement thermique approprié (Fig. 15, 16).

La destruction du chondriome par la chaleur peut intervenir sans qu'on observe de stades d'altération préalables bien définis : le chondriome sous la forme de très petites mitochondries granuleuses disparaît progressivement en devenant de moins en moins chromatique. Dans certains cas, toutefois, les mitochondries se transforment en sphères creuses et en vésicules avant de s'estomper et de disparaître : le chondriome se raréfie et les mitochondries restantes sont transformées en petites vésicules. Après destruction du chondriome il ne reste, en général, aucun résidu identifiable par la méthode de Regaud.

L'action du froid et du réchauffement a été étudiée par L. Geneves (1951—1952) sur le chondriome des cellules d'Endive et des cellules d'Oignon. D'après cet auteur, sous l'action du froid, le chondriome se fragmente, puis subit un gonflement et une vésiculisation. Ces altérations s'accentuent au début du réchauffement et de grandes plages mitochondriales peuvent se former. Finalement ces troubles s'atténuent et disparaissent. Ce type d'altération est donc entièrement réversible. Ces résultats permettent de penser que les altérations observées proviennent de la libération, sous l'action du froid, d'une partie de l'eau qui était liée aux colloïdes du cytoplasme. Ces observations semblent bien avoir été précédées par celles de P. de Puytorac (1951) qui soumettait des cellules d'Endive à la glacière à une température de — 2⁰ pendant 48 heures, pour suivre ensuite les modifications du chondriome au cours du réchauffement.

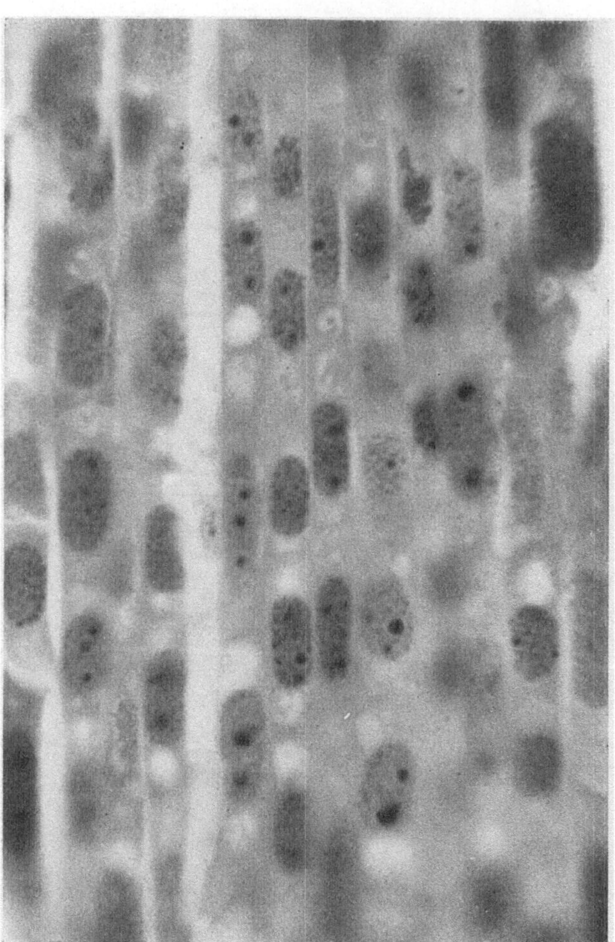

Fig. 16. Une portion de ce même méristème observé à un plus fort grossissement : le caractère sain des cellules est manifeste malgré l'absence totale de chondriome. Méthode de Regaud, × 700.

Néoformation du chondriome

Nous avons vu que les mitochondries sont des éléments constants de la cellule végétale, mais il ne s'ensuit pas nécessairement qu'elles soient incapables de se former autrement que par division d'éléments préexistants. En fait divers auteurs, aussi bien pour la cellule animale que pour la cellule végétale, admettent qu'il n'y a pas lieu d'exclure la possibilité pour les mitochondries de se former directement au sein du cytoplasme (formation dite *de novo*). En effet, le maintien de mitochondries en nombre élevé dans les cellules jeunes se divisant activement exige une multiplication active

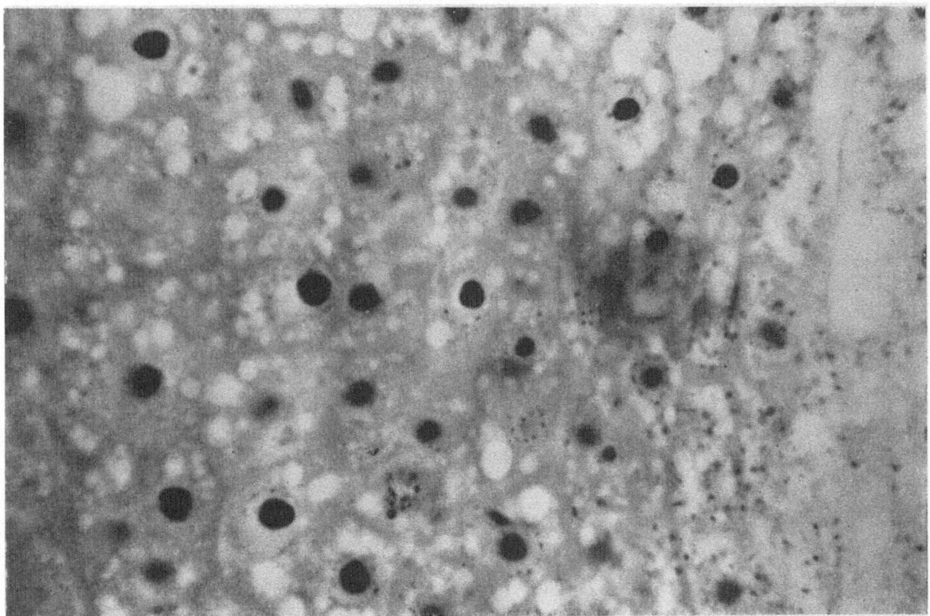

Fig. 17. Portion du parenchyme radiculaire dans la Courge après traitement une demie-heure dans l'eau acétique à 1 p. 1000 : à droite le chondriome est un peu hypertrophié ou cavulisé, à gauche où débute une ébauche radicellaire, il a complétement disparu. × 1000.

des chondriosomes et celle-ci n'a jamais été prouvée d'une manière bien formelle. On peut sans doute faire état de la petitesse des chondriosomes et de la difficulté de mettre en évidence des images de leur division.

L'observation vitale des cellules méristématiques est souvent impossible et les figures de chondriocinèse observées dans les préparations fixées ne sont pas toujours démonstratives. Si l'on essaye de prouver la néoformation des mitochondries les difficultés sont encore plus grandes. Nous soulignerons cependant que l'état habituel du chondriome, tel qu'on le constate dans les cellules méristématiques, ne contredit nullement la possibilité d'une naissance de *novo* : en effet l'inégalité de taille des mitochondries granuleuses est la règle et certaines d'entre elles apparaissent à la limite de la visibilité. Dans ces conditions il est possible d'admettre que de nouvelles mitochondries peuvent apparaître dans le cytoplasme et s'y différencier. On peut penser que cette différenciation pourrait se produire aux dépens de corpuscules plus petits, normalement invisibles en microscopie ordinaire (microsomes, *cytogranula* voir plus loin) comme cela a été soutenu pour la cellule animale (Eichenberger 1953).

Nous indiquerons maintenant dans quelles conditions particulières la néoformation des mitochondries végétales a pu être démontrée. Nous avons vu en effet que sous l'influence de divers agents chimiques (acide acétique, chloral, etc.) ou physiques (élévation de température) le chondriome pouvait être détruit et que cette destruction pouvait être réalisée dans certains cas à l'intérieur de la cellule encore vivante (P. Dangeard, 1942—1951). On

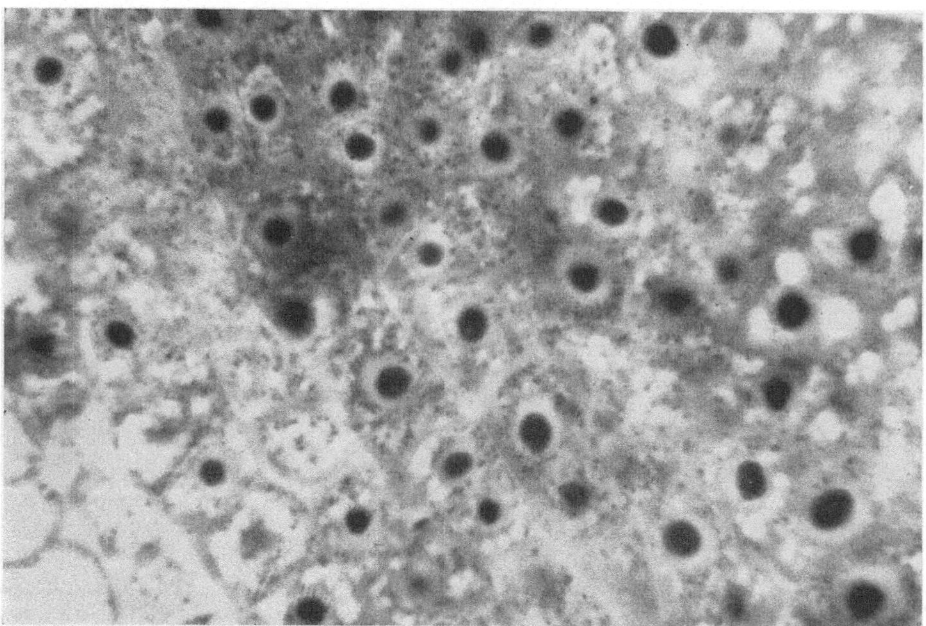

Fig. 18. Portion du parenchyme radiculaire au voisinage d'une ébauche radicellaire dans la Courge, traité comme précédemment mais après retour dans l'eau ordinaire durant 24 heures : le chondriome abondant formé de très petites mitochondries correspond sans doute à une néoformation. × 1000.

pouvait se demander ce qu'il advenait de telles cellules privées de chondriome. Or il a été prouvé, soit par l'étude vitale, soit au moyen de la méthode des fixations suivies de colorations que le chondriome était régénéré à l'intérieur du cytoplasme. Cette régénération a lieu, non aux dépens de résidus mitochondriaux figurés qui apparaissent inexistants, mais, autant qu'il semble, dans les observations en microscopie optique, directement et de *novo* au sein du cytoplasme (Fig. 17, 18).

L'observation vitale de la naissance de *novo* des mitochondries est facile à réaliser dans les poils de Courge (*Cucurbita Pepo*) où le chondriome a été détruit par l'acide acétique faible : le chondriome réapparaît dans la cellule vivante sous forme de très petites mitochondries granuleuses qui sont d'abord peu distinctes en raison de leur réfringence peu marquée puis deviennent peu à peu très visibles et ne diffèrent bientôt plus des chondriosomes ordinaires des cellules normales. On assiste ainsi à la néoformation du chondriome. Un tel phénomène peut encore être observé après la destruction du chondriome par une élévation de température. Cependant, après un traitement thermique, la régénération du chondriome est plus lente et c'est seulement après plusieurs jours parfois qu'elle se montre définitive [1].

Relations des mitochondries avec d'autres ensembles cellulaires

Les mitochondries peuvent être envisagées comme un ensemble d'éléments possédant à l'intérieur de la cellule une certaine individualité. Quelle que soit l'opinion qu'on se fasse du chondriome : ensemble rattaché au paraplasme, ou système d'éléments doués de continuité génétique, nous sommes en présence d'un constituant apparemment fondamental et d'un constituant « structural » indispensable à la vie cellulaire. Le chondriome prend ainsi place à côté du *vacuome* et du *plastidome,* parmi les « systèmes » dont la présence conditionne le métabolisme sous ses différents aspects. Dans cette action la nature physique et chimique du chondriome intervient, mais notre programme exclut l'étude du rôle physiologique des mitochondries et nous voudrions seulement noter ici divers rapports possibles entre le chondriome et les systèmes voisins.

Tout d'abord il semble exister dans la cellule chlorophyllienne des éléments encore peu connus siégeant à la limite de la visibilité microscopique et sans doute également au dessous et qui seraient homologues des « microsomes » décrits par divers auteurs dans la cellule animale (CLAUDE, BRACHET). Ils ont été décrits tout d'abord dans les *Spirogyra* (P. DANGEARD 1925), puis dans diverses autres algues (diatomées, etc.). Ils ont été désignés tout d'abord sous le nom de *granula,* puis de *cytogranula* (P. DANGEARD 1947). GAUTHERET (1949) les compare aux « microsomes » de la cellule animale. MANGENOT (1929), CHADEFAUD (1935) les considèrent comme appartenant au chondriome. Dans le cytoplasme des *Spirogyra* les *cytogranula* apparaissent comme des granulations parfaitement et uniformément sphériques dont le diamètre n'excède pas quelques dixièmes de μ ; disposés en nappes aux contours changeants, ils se déplacent activement dans la cellule vivante. Leur fixation et leur coloration n'ont pas pu jusqu'ici être réalisées. Les relations des *cytogranula* avec les mitochondries, ou avec les éléments précurseurs des mitochondries (promitochondries), ne sont pas connues. On peut supposer toutefois que ces éléments pourraient contribuer à l'édification des mitochondries au cours de leur néoformation. Les mitochondries pourraient ainsi résulter de la différenciation d'éléments très petits et pratiquement invisibles du cytoplasme fondamental.

---

[1] Dans la cellule animale la régénération du chondriome après destruction a été affirmée, à la suite d'expériences très comparables dans leur principe à celles dont nous venons de faire état pour la cellule végétale, par ZOLLINGER (1950—1951), EICHENBERGER (1953) et il convient de rappeler également les expériences d'HARVEY (1946) sur le développement des œufs d'Oursins privés de leurs mitochondries par centrifugation.

Parmi les éléments du cytoplasme de la cellule végétale qui ont pu donner lieu à une confusion avec les mitochondries nous citerons encore les *microsomes* ou *granulations lipoïdiques* étudiées particulièrement par Guilliermond (1921) qui s'est attaché à les distinguer des chondriosomes. Le *sphérome* de P. A. Dangeard (1919) semble avoir correspondu en partie avec ces éléments. Il est possible que les *plaquettes osmiophiles* de Bowen (1926) soient plus ou moins des microsomes déformés par la fixation. La nature de ces *plaquettes* demeure néanmoins énigmatique comme le montre une étude récente en microscopie électronique (Newtol Press, 1957). Il en est de même des *sphérosomes* (Perner 1953 ; Sorokin 1955).

Chez diverses Algues (*Vaucheria,* Diatomées, Phéophycées) on a décrit des corpuscules ou des granulations réfringentes qui, par leur petite taille et par leur morphologie, se montrent assez analogues parfois à des mitochondries. Leur nature chimique est sans doute assez variée : le plus souvent cependant ces éléments donnent les réactions des composés phénoliques. Le terme de *physodes* (Crato 1892) leur a été appliqué. Les physodes des *Vaucheria* ont été tout d'abord confondues avec les chondriosomes (Mangenot 1922 : P. A. Dangeard 1924). Elles se distinguent en réalité des chondriosomes par leur coloration vitale facile et instantanée au moyen de colorants vacuolaires (rouge neutre, bleu de crésyl) (Mangenot 1935, P. Dangeard 1939). Cependant les physodes des Phéophycées, d'après Chadefaud (1936) pourraient être rattachées au chondriome dont elles auraient certaines propriétés.

Chez les Protistes les inclusions cytoplasmiques sont variées et leur distinction est souvent délicate. Parmi les éléments que certains auteurs ont confondu avec les mitochondries figurent les granulations du vacuome colorables vitalement au moyen du rouge neutre (neutral-red granules) : ainsi Hirschler (1927), Kohlring (1930) d'après R. P. Hall (1931) ont appliqué le terme de mitochondries à des globules colorables par le rouge neutre chez divers Protozoaires. Les éléments du vacuome des Protistes peuvent en réalité être distingués par une coloration vitale dans un mélange de vert Janus et de rouge neutre : les mitochondries se colorent par le vert Janus et non par le rouge neutre. Ce même critérium peut être appliqué aux corps mucifères que certains auteurs ont rattachés au chondriome.

La question des rapports entre mitochondries et plastes est un très vaste problème et qui se situe parmi les plus difficiles de la cytologie. Nous ne le traiterons pas ici car il trouvera sa place dans l'étude du plastidome. Disons seulement que deux attitudes principales sont possibles à ce sujet : ou bien admettre que les plastes dérivent des mitochondries par différenciation de certaines d'entre elles, ou bien voir dans le chondriome et dans le plastidome deux formations distinctes de la cellule végétale et sans lien génétique entre eux. La conception de la dualité du chondriome (Guilliermond), vivement attaquée de divers côtés, manifeste un point de vue intermédiaire [2].

---

[2] Ce problème est en bonne voie d'être complètement résolu grâce à la microscopie électronique. Celle-ci démontre que le chondriome et le plastidome n'ont rien de commun entre eux et sont distincts dès l'origine (A. Lance, 1957). La notion de la dualité du chondriome doit évidemment disparaître dans ces conditions.

Enfin signalons que les mitochondries ont pu être comparées à des Bactéries et que certains auteurs (WALLIN, PORTIER) ont cru y reconnaître des organismes symbiotes. Ces vues audacieuses, contredites par une étude objective des caractères du chondriome, n'ont plus qu'un intérêt historique.

Le chondriome dans les différents groupes de végétaux

Le chondriome a été observé tout d'abord chez les Plantes Supérieures et c'est seulement plus tard que les cytologistes se sont efforcés de retrouver des mitochondries chez les Protophytes, Algues et Champignons et chez les Archégoniates. Or, bien que la morphologie du chondriome soit, dans l'ensemble, assez uniforme il n'est pas sans intérêt d'étudier les caractères du chondriome dans les différents phylums de la série Végétale.

Champignons

Le chondriome des Champignons a été décrit pour la première fois par GUILLIERMOND (1911) dans l'asque de *Pustularia vesiculosa*. Peu de temps après (1913), le même auteur annonce que ses recherches lui ont permis de constater que la présence d'un chondriome paraît générale chez les Champignons. Le chondriome jouerait un rôle important dans les sécrétions dont les asques sont le siège. Il signale la présence de chondriosomes dans les

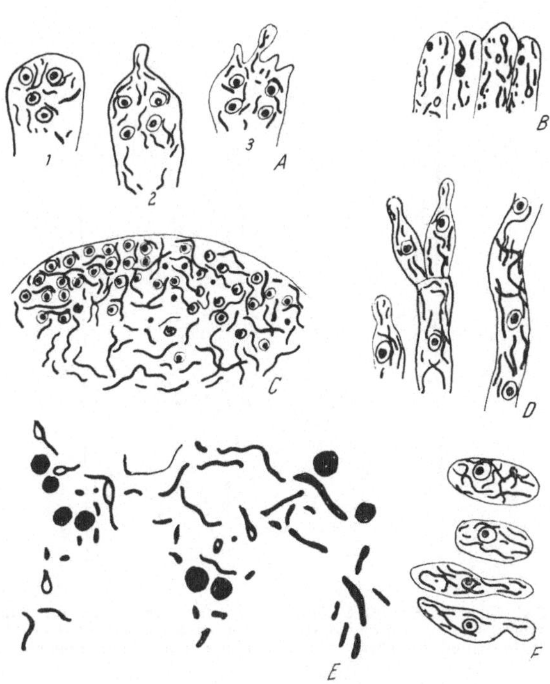

Fig. 19. Chondriome chez les Champignons : *A*, dans trois stades de l'évolution de la baside d'un Coprin ; *B*, dans de jeunes basides de *Psalliota campestris* ; *C*, dans un jeune sporange de *Rhizopus nigricans* ; *D*, dans l'appareil conidien de *Penicillium glaucum* ; *E*, Chondriosomes et noyaux à un plus fort grossissement dans le pied d'un appareil fructifère de *Psalliota campestris* ; *F*, chondriosomes dans une levure, le *Sporobolomyces roseus*.
(Tiré de GUILLIERMOND 1934.)

Levures, les *Endomyces,* les *Penicillium,* les *Agaricacées* (Fig. 19) ; LEWITSKY (1913) décrit le chondriome dans les Peronosporacées, BEAUVERIE (1914), Mme MOREAU (1914) signalent l'existence de chondriosomes chez les Urédinées, F. MOREAU (1914) chez les Mucorinées et chez les Ustilaginales.

L'étude vitale du chondriome a été pratiquée chez les *Saprolegnia* par GUILLIERMOND (1920—1927), MILOVIDOV (1929). D'autres exemples favorables sont les *Leptomitus,* les *Mucor* et les *Phycomyces* (Fig. 20).

La présence du chondriome a été reconnue dans la plupart des groupes de Champignons ainsi que dans les Mycomycètes et les Plasmodiophoracées

(Lewitsky, Milovidov, N. Cowdry, Vonviller). Chez les Myxomycètes le chondriome est représenté exclusivement par des mitochondries granuleuses et il présente une résistance exceptionnelle vis-à-vis de l'acide acétique et de l'alcool (Mlle Dalleux 1939, P. Dangeard 1947) ; en outre le chondriome s'amasse dans les sporanges et dans les spores à la manière d'une substance de réserve, ce qui permet de l'assimiler à du paraplasme.

Il semble que le chondriome des Champignons soit représenté en majorité par des bâtonnets et par des filaments flexueux (chondriocontes). Fréquemment on relève la présence de vésicules claires sur le trajet des

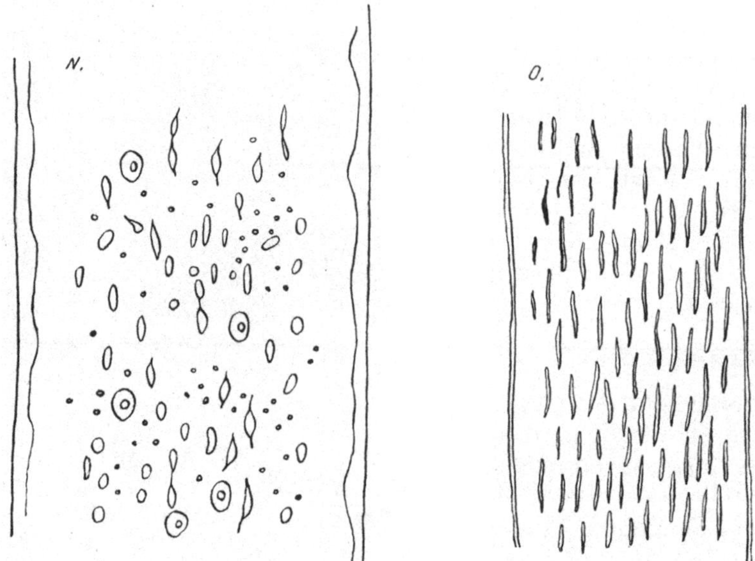

Fig. 20. Chondriosomes observés sur le vivant chez un *Saprolegnia* : *N*, région du thalle où les chondriosomes sont en forme de fuseaux et sont accompagnés de microsomes très petits circulant activement ; *O*, autre région du thalle où les chondriosomes très allongés, filamenteux, ont seuls été représentés. × 1500.

bâtonnets ou des filaments (Guilliermond 1913 ; Varitchak 1931 ; Mlle Duchaussoy 1936). Chez certains Champignons qui élaborent des pigments caroténiques (Phalloïdées, *Pilobolus*, Pézizes rouge orangé), Mm R. Heim (1946—47) a montré que des cristaux de carotène pouvaient être localisés sur les chondriocontes : ceux-ci sont alors comparables à des chromoplastes. Notons aussi que d'après Tarwidowa (1938) les gouttelettes lipidiques chez le *Basidiobolus ranarum* tireraient leur origine du chondriome. Autrefois F. Moreau (1915) avait décrit la formation des cristalloïdes de mucorine au sein des mitochondries. Quelques travaux récents remettent donc en question chez les Champignons le côté sécrétoire du chondriome vis-à-vis de substances figurées du métabolisme.

Algues

Chez les Algues les premières recherches de Guilliermond (1915) avaient conclu à l'absence de chondriome chez les *Spirogyra*, mais un peu plus tard (1921), des chondriosomes en bâtonnets ou filamenteux sont décrits chez diverses Conjugées et Diatomées. Le chondriome des *Spirogyra* a pu être observé *in vivo* et distingué des minuscules *cytogranula* qui l'accompagnent (Fig. 1) (P. DANGEARD 1924). Le chondriome des Diatomées a été observé et décrit particulièrement par P. DANGEARD (1931), L. GEITLER (1937), CHADEFAUD (1939), VALLMITJANA (1941). Il se montre constitué par des grains, des bâtonnets ou de minces filaments qui n'ont aucun rapport avec le plastidome (Fig. 21). Cependant, d'après CHADEFAUD (1939), il existerait deux sortes d'éléments mitochondriaux (actifs et inactifs) chez

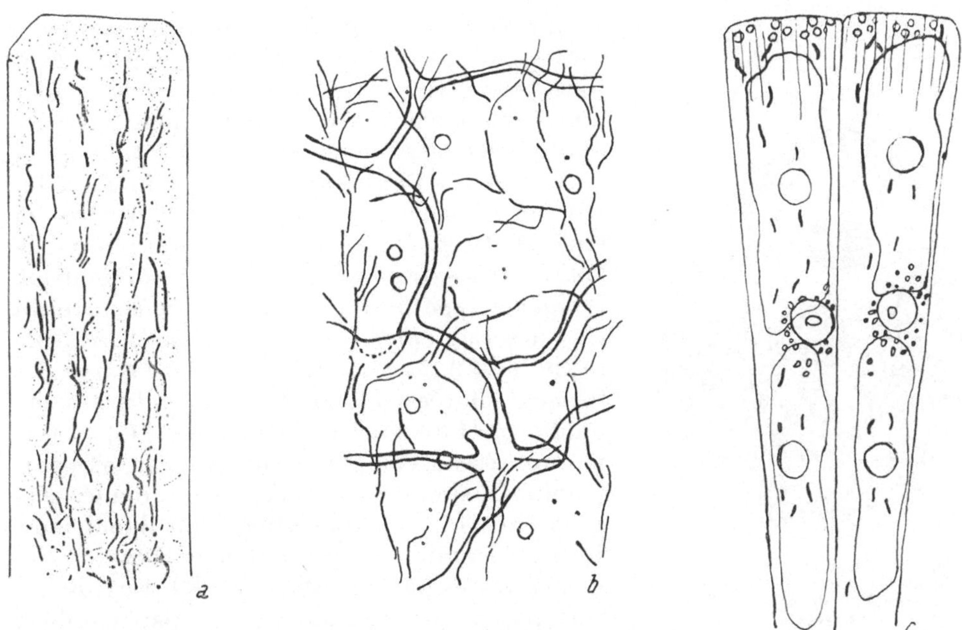

Fig. 21. Le chondriome observé vitalement chez les Diatomées : *a*, chez le *Pinnularia viridis* : *b*, chez le *Surirella robusta*, d'après GEITLER (1937) ; chez le *Licmophora flagellata*, d'après P. DANGEARD (1931). Dans la Fig. *b*, les bords du chromatophore sont indiqués par des lignes épaisses.

les Diatomées et VALLMITJANA (1941) distingue deux variétés de chondriosomes dont les uns situés près du noyau, granuleux ou en bâtonnets courts subiraient la transformation en plastes.

En dehors des Conjugées, les Chlorophycées on fait l'objet de recherches cytologiques de la part de P. A. et P. DANGEARD, MANGENOT, CHADEFAUD. Ce dernier auteur a décrit en 1935 un chondriome subcontinu formé de longs filaments simples ou anastomosés chez diverses Chaetophorales (*Stigeoclonium, Chaetophora, Draparnaldia*), chez les Ulvacées (*Ulva, Enteromorpha*) chez les Œdogoniacées (*Oedogonium, Bulbochaetae*), chez les Cladophoracées (*Cladophora*). D'après CHADEFAUD le chondriome de ces diverses Chlorophycées a tendance soit à se diviser en files de chondriocontes typiques, soit à reconstituer de très longs filaments voire même des réseaux par soudure de ces chondriocontes. Chez les Siphonales les *Vaucheria* ont un chondriome constitué surtout de mitochondries granuleuses (MANGE-

NOT 1935, P. Dangeard 1939). Les chondriosomes des *Caulerpa* ont été décrits par Chadefaud (1936).

Le chondriome des Volvocales a été décrit par Volkonsky (1930), A. Hollande (1942), Hovasse (1937) (Fig. 21). Le premier de ces auteurs a étudié une forme incolore le *Polytoma uvella* où il décrit une formation réticulée, qualifiée de leucoplaste, mais qui, d'après Hovasse (1948) ne serait autre qu'un chondriome. D'après le même savant les Chlamydomonadinées et les Volvocacées posséderaient un chondriome réticulé à mailles larges, relativement épais et qui ne se résoud pas en chondriosomes (Fig. 22). Il en est de même chez l'*Hydrurus foetidus* (Chrysophycées) (Fig. 23).

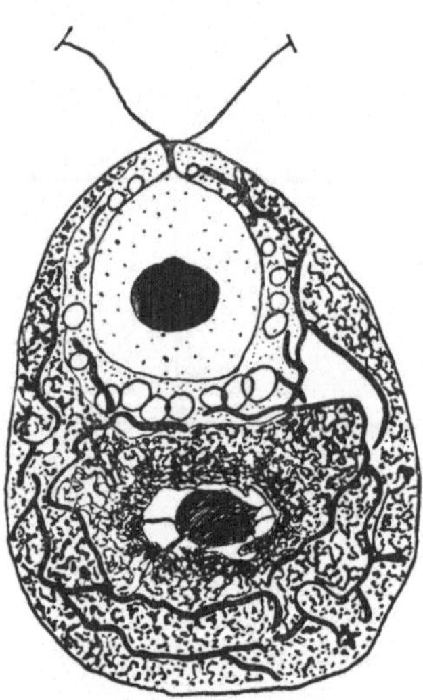

Fig. 22. Chondriome réticulé chez le *Dunaliella salina*. On notera le vacuome autour du noyau et l'absence de dictyomes. ×2000.
(D'après Hovasse 1937.)

Les Characées on fait l'object des recherches cytologiques de Mangenot (1922). D'après ce savant les plastes, à certains stades du développement, se confondraient avec les mitochondries (oogone de *Chara fragilis*).

Parmi les Phytoflagéllés, les. Dinoflagéllés ont un chondriome étudié par Chatton et Grassé (1929), Mlle Biecheler (1934), Hovasse (1923). Il s'agirait d'un réseau mitochondrial. Le même type de chondriome se rencontrerait chez les Eugléniens incolores d'après A. Hollande (1942). Le chondriome des *Astasia* et des formes colorées ou incolores d'*Euglena* a été étudié par Pringsheim et Hovasse (1948) : il forme un réseau complexe qui peut, en s'hypertrophiant, simuler un leucoplaste réticulé. D'après Hovasse, la description d'un chondriome formé de grains et de bâtonnets chez les Euglènes vertes par Chadefaud (1944) s'expliquerait parce que cet auteur n'a pas employé la méthode des coupes après inclusion. D'autre part, il apparaît que le chondriome des Phytoflagellés, loin de constituer un élément fixe dans la cellule, s'y montre extrêmement variable, son aspect et son volume dépendant de l'état physiologique et des conditions de milieu (Fig. 9). C'est ainsi que « si le plastidome perd momentanément sa fonction assimilatrice ou disparaît, pour quelque raison que ce soit, le réseau mitochondrial s'en montre affecté, et prend des aspects qui s'observent d'une manière normale et permanente chez les Euglènes qui ont perdu toute trace de plastidome » (apparence de leucoplaste).

Le chondriome des Rhodophycées a particulièrement été décrit par Mangenot (1922). Citons encore dans ce groupe les observations de P. Dangeard (1933), Mlle Celan (1941), Mme Feldmann-Mazoyer (1940). Le chondriome des Algues rouges peut être assez souvent observé dans les cellules vivantes : il se présente sous forme de grains, de bâtonnets ou de filaments (Fig. 2). Chez les Phéophycées le chondriome a été décrit par Nicolasi-Roncati (1912), Le Touzé (1911), G. Mangenot (1922), P. Dangeard (1930) et surtout Chadefaud (1935).

Bryophytes

Le chondriome des Bryophytes ne semble pas différer de celui des autres Chlorophytes. Il n'a pas fait l'objet de recherches bien systématiques, mais ce constituant cellulaire a été signalé au cours d'études sur la sporogénèse ou sur la spermatogénèse, ou bien dans des travaux de cytologie générale. La plupart des auteurs chez les Bryophytes ont conclu à l'indépendance de

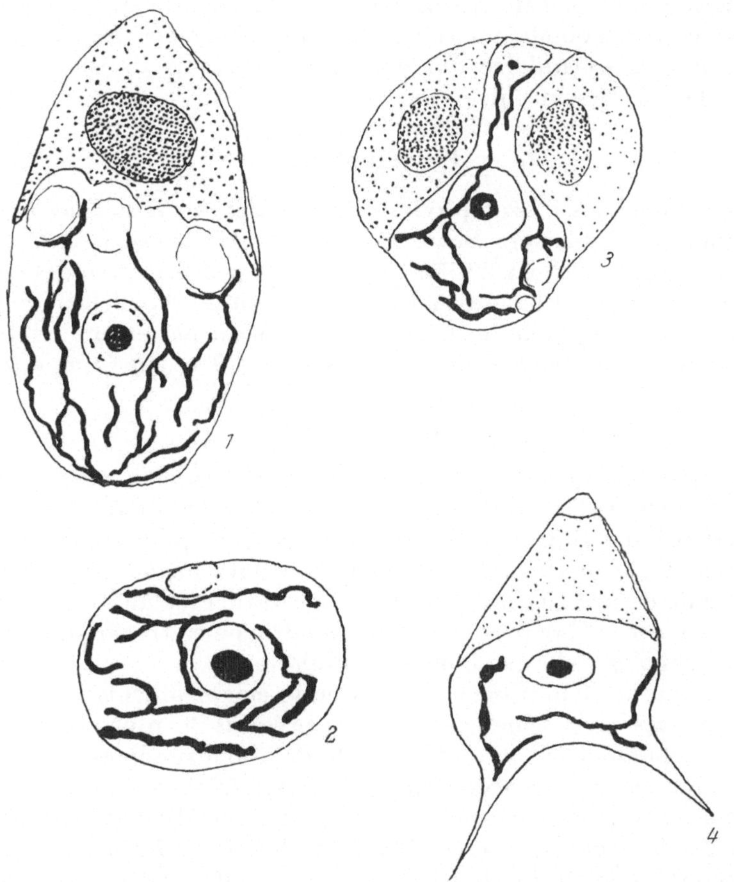

Fig. 23. *Hydrurus foetidus* : *1*, cellule végétative en coupe longitudinale montrant le plaste avec pyrénoïde, des boules de leucosine, le noyau et le chondriome filamenteux et réticulé ; *2*, coupe transversale au niveau du noyau ; *3*, cellule avec plaste en division et chondriome en coupe longitudinale ; *4*, zoospore en coupe longitudinale. Benda, hémat. au fer. ×2000.
(D'après des dessins inédits de R. HOVASSE.)

la lignée des plastes (plastidome) et de celle des mitochondries (SAPEHIN, SHERRER, MOTTIER, GAVAUDAN, P. A. DANGEARD et P. DANGEARD, DANGEARD et EYMÉ). D'autres cytologistes, moins nombreux (ALVARADO, SENJANINOVA, J. MOTTE, CHALAUD) admettent une relation directe entre plastes et mitochondries. Cette opinion ne peut plus être soutenue depuis les travaux récents d'EYMÉ (1953) sur la sporogénèse et sur la spermatogénèse des Muscinées.

Les chondriosomes des Muscinées peuvent être observés dans les cellules chlorophylliennes où ils affectent la forme de mitochondries granuleuses, de bâtonnets ou de petits filaments. Dans les cellules apicales de la tige, ils co-existent à côté de petits plastes sans doute chlorophylliens (P. Dangeard et Eymé 1948). Dans les feuilles le chondriome doit être distingué de *formations filamenteuses* ou réticulées qui ont été signalées à diverses reprises (Senn, Boresch) et qui ont donné lieu à diverses interprétations. Une étude récente (P. Dangeard et Eymé 1947, Eymé 1947, 1954) a montré que ces formations énigmatiques correspondaient soit à des parois vacuolaires, soit à des filaments de nature plastidaire qui demeurent après la division des chloroplastes et les réunissent entre eux.

Ptéridophytes

Le chondriome des Ptéridophytes a fait l'objet des recherches de Sapehin, P. A. Dangeard, Lewitsky, Bowen et surtout d'Emberger (1921). Citons encore les travaux de Yusa (1937). Ce système est décrit avec des caractères identiques à celui des Phanérogames. L'évolution du chondriome pendant la sporogénèse et au cours de la spermatogénèse n'est pas encore parfaitement établi, comme le montre l'étude de R. Barreau (1956) sur *Osmunda regalis*.

Phanérogames

Il n'est pas possible, dans l'état actuel de nos connaissances, d'indiquer si le chondriome a des caractères uniformes chez les Phanérogames ou s'il serait possible d'établir des distinctions suivant qu'il s'agit de Gymnospermes ou d'Angiospermes, de Monocotylédones ou de Dicotylédones. Il est plus facile de préciser que le chondriome varie chez une même plante suivant les tissus et les organes et que le chondriome se trouve ainsi dépendre dans sa morphologie du métabolisme cellulaire.

On sait que le chondriome est particulièrement abondant dans les cellules jeunes des méristèmes et qu'il s'y présente le plus souvent sous la forme de mitochondries granuleuses ou de chondriosomes en courts bâtonnets. Dans les cellules différenciées les chondriosomes sont relativement moins nombreux et dans certains cas apparaissent de longs chondriocontes ou même des filaments qui se ramifient (épiderme de *Brimeura amethystina* d'après Buvat). L'évolution du chondriome pendant la différenciation cellulaire soit de cellules épidermiques, soit de cellules chlorophylliennes a été étudiée par R. Buvat (1945). D'une manière générale cette évolution consiste en un raccourcissement et en un épaississement considérable des chondriosomes. Le chondriome devient ainsi constitué principalement de très courts bâtonnets et de mitochondries granuleuses. Au cours de la dé-différenciation les chondriosomes peuvent se vésiculiser, mais cette vésiculisation se montre réversible. Ainsi, « à la base des tiges de Tomate, lorsque s'édifient des ébauches de racines adventives, les mitochondries des cellules péricycliques se vésiculisent transitoirement ».

L'auteur a étudié accessoirement l'évolution du chondriome dans les tubes criblés où on assiste à la transformation des chondriosomes en vésicules qui se distendent parfois considérablement et prennent les formes les plus variées. La vésiculation du chondriome apparaît ici comme un processus de dégénérescence. Elève de GUILLIERMOND, l'auteur admet que dans les cellules chlorophylliennes les chloroplastes évoluent finalement en mitochondries banales avec lesquelles ils se confondent.

D'autres cytologistes comme J. O'BRIEN (1951) étudiant le développement des plastides dans le scutellum des Graminées observent que les mitochondries ne prennent aucune part à ce développement. De même dans un Mémoire sur les constituants cytoplasmiques des graines de Légumineuses (P. DANGEARD 1947) nous avons montré que le chondriome, généralement abondant, se présente sous forme de grains très petits, ou de filaments très minces, sans termes de comparaison avec la lignée des plastes en général.

La plupart des travaux consacrés à la pathologie du chondriome ou à sa régénération ont été poursuivis chez les Phanérogames ; nous n'y reviendrons pas. D'autre part le problème des relations entre les mitochondries et les plastes sera envisagé ailleurs à propos de l'étude des plastes.

Conclusions

Ainsi que nous avons essayé de le montrer, l'étude morphologique des mitochondries végétales n'est pas, comme on pourrait le supposer, un sujet épuisé. De nouvelles méthodes permettent d'aborder ces questions en rapport avec l'activité générale de la cellule et avec ses activités physiologiques. La sensibilité du chondriome vis-à-vis de divers facteurs physiques ou chimiques, ses transformations pathologiques, sa régénération posent des problèmes encore très importants.

Le chondriome des Protistes est encore un domaine assez mouvant qui doit retenir l'attention des chercheurs de même que les rapports du chondriome avec d'autres formations cellulaires, en particulier les microsomes ou *cytogranula*. On doit aussi souligner la rareté des travaux de microscopie électronique sur le cytoplasme végétal. Dans cette voie un vaste champ est encore ouvert aux chercheurs.

On doit souhaiter que les études morphologiques se lient de plus en plus aux études physiologiques pour se compléter mutuellement.

Bibliographie

ALEXEIEFF, A., 1929: Nouvelles observations sur les chondriosomes chez les Protozoaires. Arch. Protistenk. **65**, 45.

ALVARADO, S., 1923: Die Entstehung der Plastiden aus Chondriosomen in den Paraphysen von *Mnium cuspidatum*. Ber. dtsch. bot. Ges. **41**, 85.

BARREAU, R., 1956: Contribution à l'étude cytologique d'*Osmunda regalis*. Le Botaniste, **40**, 133—193.

BAUTZ, E., 1956: Die Mitochondrien und Sphärosomen der Pflanzenzelle. Z. Bot. **44**, 109—136.

BUVAT, R., 1945: Recherches sur la dédifférenciation des cellules végétales. Ann. Sci. nat., bot. **5** et **6**.

— 1946: Sur les chondriosomes des organes moteurs de *Mimosa pudica*. C. r. Acad. Sci. Paris **233**, 1017.

— 1948: Recherches sur les effets cytologiques de l'eau. Rev. cytol. et cytophys. végét. **10**, 5—52.

Buvat, R., 1953 a: Les modifications des chondriosomes, leur interprétation et leur déterminisme. Endeavour 12, 33—37.
— 1953 b: Morphological changes in chondriosomes. Endeavour 12, 33—37.
Chadefaud, M., 1935: Le cytoplasme des Algues vertes et brunes. Thèse, Paris.
— 1944: Les mitochondries des Euglènes. Bull. Soc. Bot. Fr. 91, 174.
Claude, and E. F. Fullam, 1945: An electron microscopic study of isolated mitochondria. J. exper. Med. (Am.) 81, 51—62.
Cunha, G. da, 1943: La théorie du chondriome végétal. Chron. bot. 7, 397.
Dangeard. P., 1924: Quelques remarques nouvelles sur le cytoplasme des Spirogyres. Rev. Algol. 1, 422.
— 1930: Le mouvement cytoplasmique et les cytosomes chez les Diatomées. Ann. Protistol. 3, 295.
— 1942: Recherches sur les modifications du protoplasme dans les conditions permettant la survie de la cellule. Le Botaniste 31, 189—270.
— 1947 a: Notes biologiques et cytologiques sur un Myxomycète. Le Botaniste 33, 39.
— 1947 b: Cytologie végétale et Cytologie générale, Paris.
— 1950 a: Sur la destruction du chondriome dans les méristèmes et sur les possibilités de sa restauration. C. r. Acad. Sci. 230, 27.
— 1950 b: Nouvelles observations sur la régénération du chondriome dans les radicules. C. r. Acad. Sci. 230, 496.
— 1950 c: Action du déssèchement sur la structure cellulaire dans la limite des altérations réversibles. C. r. Acad. Sci. 231, 9—11.
— 1951 a: Observations sur la destruction du chondriome par la chaleur. C. r. Acad. Sci. 232, 1274.
— 1951 b: Recherches experimentales sur le chondriome dans les radicules des Phanérogames. Le Botaniste 35, 35—81.
— 1951 c: Observations sur la résistance des radicules à des températures entre 40 et 60° C. Le Botaniste 35, 237—243.
— 1954 a: Le polymorphisme du chondriome végétal. VIIIe Congrès internat. de Bot. Paris, 1954, Comm. sect. Cytol.
— 1954 b: Cavulation et vésiculation des mitochondries sous l'influence de la chaleur. Ibid. Rapports et communic., p. 101.
— 1954 c: Sur la persistance de cellules sans chondriome dans les radicules ayant subi un traitement thermique. C. r. Acad. Sci. 238, 954.
— 1956 a: Revue de quelques travaux récents sur les constituants figurés du cytoplasme végétal. Bull. Soc. bot. (Fr.) 103, 509—520.
— 1956 b: Recherches sur l'action des températures élevées sur les cellules et spécialement vis-à-vis du chondriome. Le Botaniste 40, 5—43.
— et J. Eymé, 1946: Les plastes et les mitochondries dans la cellule apicale de quelques Muscinées. C. r. Acad. Sci. 222, 335.
— 1947: Sur les formations filamenteuses de la cellule des Mousses. C. r. Acad. Sci. 224, 1399.
— et H. Parriaud, 1953: Action des solutions de chloral sur le chondriome des méristèmes végétaux. C. r. Acad. Sci. Paris, 236, 260—262.
Dangeard, P. A., 1919: Sur la distinction du chondriome des auteurs en vacuome, plastidome et sphérome. C. r. Acad. Sci. 169, 1005.
— 1922: Recherches sur la structure de la cellule dans les *Iris*. C. Acad. Sci. 174, 1653.
Delamater, E. D., M. E. Hunter, and Stuart Mudd, 1952: Current status of the bacterial nucleus. Exper. Cell Res., Suppl. 2, 319.
Drawert, H., 1953: Vitale Fluorochromierung der Mikrosomen mit Janusgrün, Nilblausulfat und Berberinsulfat. Ber. dtsch. bot. Ges. 66, 134.
Dufrenoy, J., 1947: Conséquences cytochimiques du chauffage des tissus à des températures comprises entre 50 et 56° C. Rev. Canad. Biol. 6, 211—28.
Eichenberger, M., 1953: Elektronenmikroskopische Beobachtungen über die Entstehung der Mitochondrien aus Mikrosomen. Exper. Cell Res. 4, 275.
Emberger, L., 1921: Recherches sur l'origine et l'évolution des plastides chez les Ptéridophytes. Arch. Morph. (Fr.) 1, 1—190.
— 1950/51: A propos du chondriome de la cellule végétale. Biologia, vol. 2, 173.
Eymé, J., 1953: Thèse, Bordeaux.
— 1954: Recherches cytologiques sur les mousses. Le Botaniste 35, 66—134.
Eymé, S., 1956: Sur les formations cytoplasmiques des cellules foliaires de *Fontinalis antipyretica* L., *Mnium undulatum* (L.). Weis et *Dicranum scoparius* (L.) Hedw. Le Botaniste 40, 45.

FOGELBERG, S. O., E. STRUCKMEYER, and R. H. ROBERTS, 1957: Morphological Variations of mitochondria in the presence of plant tumors. Amer. J. Bot. **44**, 454.

FREDERIC, J., et M. CHEVREMONT, 1952: Recherches sur les chondriosomes des cellules vivantes par la microscopie et la microcinématographie en contraste de phases. Arch. Biol. (Fr.) **63**, 109—131.

GARRIGUES, R., 1940: Action de la colchicine et du chloral sur la racine de *Vicia Faba*. Rev. Cytol. et Cytophys. végét. **4**, 261—301.

GAUTHERET, R., 1949: La cellule, pp. 1—404, Paris.

GEITLER, L., 1937: Chromatophor, Chondriosomen, Plasmabewegung und Kernbau von *Pinnularia nobilis* und einigen anderen Diatomeen nach Lebendbeobachtungen. Planta **27**, 534.

GENEVES, L., 1951: Altérations réversibles des cellules du tubercule de *Cichorium intybus* L. (var. Endive) sous l'effet du froid et du réchauffement. C. r. Acad. Sci. **232**, 1132—1134.

— 1952 a: Effets de l'élévation de température sur le chondriome dans le méristème de racines d'*Allium Cepa* cultivées à 0⁰ C. C. r. Acad. Sci. **234**, 358.

— 1952 b: Troubles produits par la congélation et le dégel dans les cellules vivantes de *Cichorium intybus* L. (var. Endive). C. r. Acad. Sci. **234**, 2304.

— 1955: Thèse, Paris.

GLIMSTEDT, G., and S. LAGERSTEDT, 1953: Observations on the Ultrastructure of isolated Mitochondria from normal Rat Liver. Lunds Univ. Arsskr. N. F. Avd. 2, **49**.

GREENWOOD, A. D., I. MANTON, and B. CLARKE, 1957: Observations on the structure of the zoospores of *Vaucheria*. J. Exper. Bot. **8**, 71.

GUILLIERMOND, A., 1921: Sur le chondriome des Conjuguées et des Diatomées. C. r. Soc. Biol. **85**, 462.

— 1934: Les constituants morphologiques du cytoplasme : Le chondriome. Act. sci. et ind. **170**, 128.

— 1941: Cytoplasm: Un vol. de 250 p. Chronica botanica. Waltham, U. S. A.

— et R. GAUTHERET, 1940: Recherches sur la coloration vitale des cellules végétales. Rev. génér. Bot. **52**, 262.

HACKETT, D. P., 1955: Recent studies on Plant Mitochondria. Internat. Rev. Cytol. **4**, 143—196.

HALL, R. P., 1936: Cytoplasmic inclusions of Phytomastigoda. The Bot. Rev. **2**, 85.

HARMAN, J. W., 1950: Studies on Mitochondria: II. The structure of Mitochondria in relation to enzymatic activity. Exper. Cell Res. **1**, 394—402.

HEIM, Mme P., 1948: Sur le chondriome des Phalloïdées. C. r. Acad. Sci. **226**, 266—68.

— 1949: Nouvelles observations sur la localisation des caroténoïdes chez les Champignons. Le Botaniste **36**, 231.

HOLLANDE, A., 1942: Étude cytologique et biologique de quelques Flagellés libres. Arch. de Zool. exper. et génér. **83**, 1.

HOVASSE, R., 1938: Nouvelles recherches sur les constituants cytoplasmiques des Volvocales : Les Chlamydomonadinées. Bull. Soc. Zool. (Fr.) **63**, 357.

— 1948: Étude cytologique d'Euglènes vertes et incolores du type *Euglena gracilis*. The new Phytol. **47**, 68.

— 1952: Les données récentes sur le problème du chondriome. C. r. Ass. Anat. **39**, 1—17.

— A. LAZAROW, and S. J. COOPERSTEIN, 1953: Studies on the mechanism of Janus green B Staining of Mitochondria. I. Review of literature Exper. Cell Res. **5**, 56—69.

LANCE, A., 1957: Sur l'infrastructure des cellules apicales de *Chrysanthemum segetum*. C. r. acad. Sci. 1957, **245**, 352.

LENICQUE, P., 1953: Étude sur l'évolution du chondriome au cours de la genèse du tissu musculaire et de sa dégénérescence provoquée par la colchicine. Arkiv. Zool. **5**, 289—296.

LE TOUZÉ, 1912: Contribution à l'étude histologique des Fucacées. Rev. gén. Bot. **24**, 33—47.

LEYON, H., and D. VON WETTSTEIN, 1954: Der Chromatophoren-Feinbau bei Phaeophyceen. Z. Naturforsch. **9 b**, 472.

MANGENOT, G., 1922: Recherches sur les constituants morphologiques du cytoplasme des Algues. Arch. Morph. (Fr.) **9**, 1—340.

MANTON, T., 1955: Observations with the electron microscope on *Synura caroliniana* Whitford. Proc. Leeds Phil. Soc. **6**, 306—316.

MASCRÉ et PICARD, 1933: Action de l'éther et du chloroforme sur la structure de la cellule végétale. Thèse Doct. en Pharm., Paris, 85 p.

Meites, M., 1944 a: Différenciation linéaire et structure physio-chimique du chondrioconte. Bull. Hist. appl. techn. microsc. **21**, 129—137.
— 1944 b: Action de l'eau et du benzène sur la structure de la cellule végétale (Contribution à l'étude physiologique et chimique de la cellule). Thèse, Paris, 190 p., 24 pl.
Millerd and J. Bonner, 1953: The biology of plant *mitochondria*. J. of Histochem. Cytochem. **1**, 254—264.
Milovidov, P., 1929: Observations vitales sur l'altération du chondriome chez le *Saprolegnia* sous l'influence de divers facteurs externes. Rev. gén. de Bot. **41**, 193.
Moreau, F., 1914: Sur le chondriome d'une Ustilaginée : *Entyloma ranunculi*. C. r. Soc. Biol. **77**, 538—539.
Moreau, Mme F., 1912: Les mitochondries chez les Urédinées. C. r. Soc. Biol. **76**, 421—422.
Mühlethaler, K., 1957: Der gegenwärtige Stand der elektronenmikroskopischen Erforschung der Pflanzenzelle, Naturwiss. **44**, 204—213.
Newcomer, E. H., 1940: Mitochondria in Plants. The Bot. Rev. **6**, 85—147.
— 1946: Concerning the duality of the mitochondria and the validity of osmiophilic platelets in plants. Amer. J. Bot. **33**, 684—687.
— 1951: Mitochondria in plants. II. The Bot. Rev. **17**, 55—89.
O'Brien, J. A., 1942: Cytoplasmic inclusions in the glandular épithelium of the scutellum of *Triticum sativum* and *Secale cereale*. Amer. J. Bot. **29**, 479—491.
— 1947: Developement de plastides dans le scutellum de *Triticum sativum* et de *Secale cereale*. Amer. J. Bot. **34**, 587.
Ortiz Campos, R., 1948: Sur la fixation et la coloration du chondriome des cellules végétales. An. Estn. exper. Aula Dei, Esp. **1**, 65—82.
Palade, G. E., 1952: The fine structure of mitochondria. Anat. Rec. (Am.) **114**, 427—451.
— 1953: An electron microscope study of the mitochondrial structure. J. Histochem. Cytochem. **1**, 188—211.
Parriaud, H., 1956: Action des solutions d'hydrates de chloral sur le chondriome de la cellule végétale. Le Botaniste **40**, 63—131.
Perner, E. S., 1956: Z. Naturf. **11 b**, 560—567.
and G. Pfefferkorn, 1953: Pflanzliche Chondriosomen im Licht- und Elektronenmikroskop. Flora **140**, 98—129.
— and M. Losada Villasante, 1956: Die Zellorganelle der Wurzelhaare von *Trianea bogotensis*. Protoplasma **46**, 579—584.
Picard, P., 1933: Action de l'éther et du chloroforme sur la structure de la cellule végétale. Thèse Doct. en Pharm.. Paris, 85 p.
Powers, E. L., C. F. Ehret, and L. E. Roth, 1955: Mitochondrial structure in *Paramecium* as revealed by electron microscopy. Biol. Bull. (Am.) **108**, 182.
Press, N., 1957: In quest of the osmiophilic platelet: An electron microscope study. Amer. J. Bot. **44**, 461.
Prowazek, J., 1909: Studium zur Biologie der Zellen. Biol. Cbl.
Puytorac, P. de, 1951: Recherches sur l'action comparée de l'eau et de l'acide acétique sur le chondriome de certaines cellules végétales. Le Botaniste **35**, 124—163.
Radu, Mme V. V., 1943/44: Germination des graines de *Zea Mays* à diverses températures. Comportement du chondriome et des nucléoles dans la radicule. Acad. roum. Bull. Sect. Sci. **26**, 393—407.
Ritchie, D., and P. Hazeltine, 1953: Mitochondria in *Allomyces* under experimental conditions. Exper. Cell Res. **5**, 261—274.
Sarazin, A., 1937: L'évolution du chondriome et du système vacuolaire dans les carpophores et en particulier dans les basides d'*Agaricus campestris*. C. r. Acad. Sci. **204**, 713—713.
Sjöstrand, F. S., 1951: A method for making ultra-thin tissue sections for electron microscopy at high resolution. Nature **168**, 646—647.
— 1953: Electron microscopy of mitochondria and cytoplasmic double membranes. Nature **171**, 30—31.
— and J. Rhodin, 1953: The ultrastructure of the proximal convoluted tubules of the mouse kidney as revealed by high resolution electron microscopy. Exper. Cell Res. **4**, 426—456.
Sorokin, H., 1941: La distinction entre les mitochondries et les plastides dans les cellules épidermiques vivantes. Amer. J. Bot. **28**, 476—485.
— 1955: Mitochondria and Spherosomes in the living epidermal cell. Amer. J. Bot. **42**, 225—231.

SOROKIN, H., 1956: Studies on living cells of pea seedlings. I. Survey of vacuolar precipitates, mitochondria, plastids and spherosomes. Amer. J. Bot. **43**, 787—794.

TARWIDOWA, H., 1938: Über die Entstehung der Lipoidtröpfchen bei *Basidiobolus ranarum*. La Cellule **47**, 205—216.

TURIAN, G., et E. KELLENBERGER, 1956: Ultrastructure du corps paranucléaire, des mitochondries et de la membrane nucléaire des gamètes d'*Allomyces macrogymus*. Exper. Cell Res. **11**, 417.

VALLMITJANA, L., 1951: Le chondriome des Diatomées et considérations sur les chondriosomes et les plastes dans les séries inférieures. Trab. Inst. Cienc. nat. José de Acosta, sér. biol. España **3**, 93—110.

WEISSENFELS, N., 1957: Über die funktionelle Entleerung, den Feinbau und die Entwicklung von Tumor-Mitochondrien. Z. Naturforsch. **12 b**, 168.

WOHLFARTH-BOTTERMANN, K. E., 1957: Cytologische Studien IV. Die Entstehung, Vermehrung und Sekretabgabe der Mitochondrien von *Paramecium*. Z. Naturforsch. **12 b**, 164.

WOLKEN and PALADE, 1953: An electron microscopie study of two flagellates. Chloroplast structure and variation. Ann. N. Y. Acad. Sci., **56**, 873—889.

ZOLLINGER, H. U., 1950: Zur Morphologie der Mitochondrien. Experienta **6**, 16.

— 1951: Beitrag zur Frage der Mitochondrien-Regeneration. Verh. dtsch. Ges. Path., Hannover, 125—128.

Protoplasmatologia
III. Cytoplasma-Organellen
  A. Chondriosomen, Mikrosomen, Sphärosomen
  2. Die Sphärosomen der Pflanzenzelle

Die Sphärosomen der Pflanzenzelle

Von

E. S. PERNER

Dozent am Botanischen Institut der Universität Münster/Westf.

Mit 25 Textabbildungen

Inhaltsverzeichnis

Einleitung

Die cytologische Analyse der Organelle als Problem der Zellforschung

Seitdem die Zelle von SCHWANN und SCHLEIDEN als der Grundbaustein aller pflanzlichen und tierischen Organismen erkannt wurde, hat sich die Zellforschung im Verlauf eines Jahrhunderts darum bemüht, die strukturelle Ordnung und die Funktionen dieses kleinsten elementaren, durch „Leben" ausgezeichneten protoplasmatischen Stoffsystems näher kennenzulernen. Dabei ist der Cytomorphologie die Aufgabe zugefallen, die stoffliche Zusammensetzung und die Bauprinzipien der einzelnen zellulären Strukturelemente sowohl im lichtmikroskopischen als auch im sublichtmikroskopischen Bereich zu erforschen. Die C y t o p h y s i o l o g i e ist bestrebt, die Leistungen und das Verhalten der Zelle als funktionelle Lebenseinheit zu analysieren und darüber hinaus auch den Ort lebenswichtiger Prozesse im Protoplasten bzw. seinen Bauelementen festzustellen.

Auf allen Teilen ihres Arbeitsgebietes vermag die Zellforschung heute umfangreiche Ergebnisse vorzulegen, welche zu grundlegenden Erkenntnissen über die Struktur und Funktion belebter Stoffsysteme geführt haben. Sie sind durch die stetig fortschreitende Entwicklung der Untersuchungsmethoden ermöglicht worden. Dabei ist einerseits auf die Verbesserung der lichtmikroskopischen Verfahren (Phasenkontrast-, Fluoreszenz-, Polarisations-, Ultraviolettmikroskopie u. ä.) und auf die Möglichkeit einer Untersuchung ultradünner Schnitte im Elektronenmikroskop hinzuweisen. Andererseits vermag die Biochemie heute klassische analytische Methoden auch im Bereich der Zelle anzuwenden, wenn lebende Gewebe nach Homogenisation durch Differentialzentrifugation in einzelne Fraktionen aufgeteilt werden. Ferner haben Verteilungschromatographie, Elektrophorese, Spektrographie u. ä. eine wesentliche Verfeinerung der analytischen Methoden gebracht. Wie es von Frey-Wyssling (1955) ausdrücklich betont wird, ist das eigentliche Geheimnis des lebenden Protoplasten trotz aller Bemühungen aber noch nicht enträtselt worden. Das gilt gleichermaßen für die Erforschung des Feinbaus der intrazellulären Strukturen wie auch für die Versuche, die Lokalisation von Enzymsystemen im Strukturgefüge des so komplexen Protoplasten und die korrelativen Wechselbeziehungen in einer lebenden Zelle zu analysieren, um damit die Grundfunktionen eines biologischen Systems — wie Stoffwechsel, Plasmawachstum, Entwicklung, Reizbarkeit u. ä. — zu verstehen.

Im Zuge dieser Bemühungen haben in der Zellforschung die im lichtmikroskopisch hyalin erscheinenden Cytoplasma (Plasma-Grundsubstanz) eingebetteten Gebilde eine besondere Beachtung gefunden, welche nicht sehr glücklich als „Cytoplasma-Einschlüsse", „Cytoplasmapartikel", „Granula" u. ä. bezeichnet worden sind. Der Zellkern und das System der Plastiden (Proplastiden, Chloroplasten, Leukoplasten, Chromoplasten), über deren biologische Bedeutung niemals ernsthafte Zweifel bestanden haben, sollen bei dieser Betrachtung ausgeschlossen bleiben. Ebenso sind die absolut „unbelebten" Ausscheidungen des Cytoplasmas, welche als Kristalle, Stärkekörner, Öltropfen usw. eindeutig als ergastische oder paraplasmatische Bildungen zu identifizieren sind, hier ohne Interesse. Es handelt sich vielmehr um die relativ kleinen Gebilde lichtmikroskopischer Größenordnung, welche als kugelige, ovale, stäbchen- oder fadenförmige Strukturen regelmäßig in allen Pflanzenzellen nachweisbar sind. Als „Mitochondrien (Chondriosomen)" und als „Sphärosomen (Mikrosomen)" sind sie aus der Literatur hinreichend bekannt (vgl. Guilliermond, Mangenot und Plantefol 1933; Dangeard 1947; Küster 1951; Perner 1953; Steffen 1955 u. a.), ohne daß heute erschöpfende Aussagen über ihre stoffliche Zusammensetzung, ihre strukturelle Ordnung und biochemische Leistung gemacht werden können.

In der klassischen Epoche der Cytologie war die Entdeckung dieser plasmatischen Partikel bei Tier und Pflanze durch von Hanstein, Altmann,

Valette St. George, Benda, Meves, Flemming u. a. um die Jahrhundertwende
der Anlaß, ihnen besondere Funktionen im Zellgeschehen zuzusprechen.
Die von Altmann (1890) vertretene Hypothese, der in diesen Gebilden „Ele-
mentarkörper" von grundsätzlicher Bedeutung sah, entbehrte aber bei den
damals noch begrenzten Möglichkeiten einer kausalen Analyse der experimentell gesicherten Grundlage und fand daher keine allgemeine Aner-
kennung.

Durch die Fortschritte der Kolloidforschung angeregt, gerieten diese Plasmapartikel in Vergessenheit und man neigte dazu, den zellulären Protoplasten
als komplexes kolloides System zu betrachten. Die Eigenschaften und das
Verhalten des lebenden Protoplasten wurden auf physikalische und chemische Gesetzmäßigkeiten in Kolloiden zurückgeführt, diese Plasmapartikel
in der Folgezeit als mehr oder weniger ephemere Entmischungsphasen des
Cytoplasmas betrachtet (vgl. zusammenfassende Literatur bei Newcomer
1940). Dementsprechend wurde ihnen eine spezifische Feinstruktur, eine
Kontinuität im Zellgeschehen und damit eine Entstehung aus ihresgleichen
nicht zuerkannt.

Erst in den beiden letzten Jahrzehnten haben die auf allen Gebieten
der Biologie erreichten Fortschritte erneut zu einer Beachtung dieser bislang
vernachlässigten „Cytoplasmapartikel" geführt:

1. Nach Lehmann (1947, 1952) besitzen „korpuskulare Plasma-Elemente",
zu denen neben sublichtmikroskopischen Granula auch lichtmikroskopisch
dimensionierte Cytoplasmapartikel gehören, den Charakter von „Biosomen". Sie bestehen aus einem komplexen Gefüge von Makromolekülen
und stellen die zur Autoreproduktion befähigten Einheiten im Cytoplasma
dar. Nach elektronenmikroskopischen und entwicklungsphysiologischen Untersuchungen an tierischen Objekten zählen die Biosomen als Zentren ener-
getischer Prozesse und Träger spezifischer Proteinsynthesen zu den wich-
tigsten Bestandteilen des Protoplasten, denen auch eine wesentliche morpho-
genetische Bedeutung zukommt (vgl. Lehmann 1947, 1950, 1952; Lehmann und
Biss 1949). Die klassische Hypothese über die „Elementarorganismen"
erlebte damit eine Wiederauferstehung (vgl. Altmann 1890).

2. In der Biochemie und Stoffwechselphysiologie brachte die Methode
der Differentialzentrifugation von Homogenaten (vgl. Bensley und Gersh
1933; Bensley und Hoerr 1934; Claude 1943, 1946, 1950 u. a.) neue Erkennt-
nisse. Schon Warburg (vgl. Warburg 1948) hatte vermutet, daß die Enzyme
der energetischen Prozesse an lichtmikroskopische Granula gebunden sein
müssen. Wie Chessin (1951), Lang (1952, 1953, 1955) u. a. annehmen, ist es
durch Differentialzentrifugation möglich, den Protoplasten in seine morphologischen Konstituenten aufzuteilen. Die enzymatische Analyse der einzelnen Fraktionen eines Homogenats bestätigte nun, daß diese Fermente
tatsächlich in solchen Fraktionen nachweisbar sind, die Granula lichtmikroskopischer Dimension enthalten (sogenannte Mitochondrienfraktion der
Autoren). Durch eine Reihe von Untersuchungen ist dies sowohl für die
tierische als auch für die pflanzliche Zelle nachgewiesen (vgl. Stafford 1951;
Millerd und Bonner 1953; Lindberg und Ernster 1954, dort weitere Literaturangaben).

3. In der Genetik führten neuere Untersuchungen (vgl. Marquardt 1954, dort nähere Literaturangaben) an Mikroorganismen zu dem Schluß, daß es vom Zellkern unabhängige Erbgänge gibt, welche aller Wahrscheinlichkeit nach an Genstrukturen des Cytoplasmas gebunden sind. Ebenso führten die Befunde von Michaelis (1955) u. a. über „plasmatische Vererbung" zu der Auffassung, daß eine nichtmendelnde, vom Zellkern unabhängige Vererbung im Pflanzen- und Tierreich weit verbreitet ist. Eine aktive Mitwirkung des Cytoplasmas mußte aber auch für die von den Genen des Zellkerns gesteuerten Erbgänge gefordert werden, wobei sich die zwingende Notwendigkeit ergab, Chondriosomen als „Plasmaeinheiten" in die genphysiologische Reaktionskette einzuschalten (vgl. Marquardt 1952 u. a.).

4. Nach den Befunden von Claude (1937, 1938), Schneider (1950, 1951) u. a. ist es wahrscheinlich, daß „Cytoplasmapartikel"· bei der Entstehung von Tumoren wesentliche Veränderungen gegenüber denen normaler Zellen erfahren. Dafür sprachen auch Untersuchungen von Graffi (1939, 1940) über die bevorzugte Speicherung cancerogener Stoffe durch diese.

5. Die Vervollkommnung der elektronenmikroskopischen Präparationstechnik (Herstellung ultradünner Schnitte) hat in den letzten Jahren die Analyse der Feinstruktur des Cytoplasmas und der darin eingeschlossenen Plastiden, Chondriosomen und Sphärosomen möglich gemacht. Wie aus den zahlreichen Untersuchungen an tierischen und pflanzlichen Zellen hervorgeht (vgl. Palade 1952; Sjöstrand 1953; Sjöstrand und Rhodin 1953; Mühlethaler 1955; Strugger und Perner 1956 u. a.), zeichnen sich diese Cytoplasmapartikel durch spezifische Feinstrukturen aus und sind demnach hochgeordnete Systeme.

Diese und ähnliche Befunde der biologischen Forschung im letzten Jahrzehnt waren aber mit der bisherigen Lehrmeinung, welche in der „k a r y o g e n e t i s c h e n   F a s s u n g   d e r   Z e l l e n t h e o r i e" ihren Niederschlag fand, nicht vereinbar. Danach wird der Zellkern mit den in den Chromosomen lokalisierten Karyogenen absolut in den Mittelpunkt des Zellgeschehens gestellt, das Cytoplasma und seine Konstituenten bilden lediglich ein vorwiegend passives Substrat und haben keine genetische Selbständigkeit. Die im Cytoplasma vorhandenen „Einschlüsse" sind paraplasmatischer Natur, stellen also unbelebte, nicht autonome und vor allem strukturlose Phasen des Cytoplasmas dar.

Die neueren Befunde der Zellforschung haben die Veranlassung gegeben, diese klassische Auffassung über die Organisation des belebten Protoplasten einer Revision zu unterziehen. So kommt Strugger (1953) auf Grund zahlreicher eigener Untersuchungen cytomorphologischer und zellphysiologischer Art an Pflanzenzellen zu einer „p a n g e n e t i s c h e n   F a s s u n g   d e r   Z e l l e n t h e o r i e". Seinem Aufbau und seinen Eigenschaften nach stellt der Protoplast ein komplexes Organellsystem dar, in dem der Zellkern zweifellos eine dominierende Rolle als Steuerungszentrum besitzt. Darüber hinaus wird aber die Existenz persistierender Organellsysteme im Cytoplasma gefordert. Diese sind als Funktionsträger enzymatischer Komplexe vom Zellkern mehr oder weniger unabhängige Genstrukturen. Sie entstehen niemals de novo, sondern besitzen die Fähigkeit zu identischer Reduplikation. Dies ergibt sich aus der Tatsache, daß sowohl im hyalinen Cytoplasma als auch in den Plastiden bzw. anderen Organellsystemen spezifische physiologische Prozesse ablaufen, welche strukturgebunden sind und durch Gene gesteuert werden. Die steuernden Systeme können in den Organellen selber bzw. im Zellkern als übergeordnetes Gensystem lokalisiert sein.

In der Zellforschung ist man augenblicklich bemüht, die Natur dieser extranukleären, im Cytoplasma lokalisierten Organellsysteme näher zu analysieren. Für das System der Plastiden bahnt sich heute auf Grund der bereits vorliegenden Befunde, wobei besonders auf die Untersuchungen von STRUGGER (1950, 1951, 1953, 1954 a, b) und seiner Mitarbeiter (vgl. Literatur bei STRUGGER und PERNER 1956) hinzuweisen ist, eine Klärung an.

Nach dem von WILDMAN und COHEN (1955) in Abb. 1 dargestellten Schema einer Pflanzenzelle, das grundsätzlich mit dem von PERNER (1953) übereinstimmt (vgl. Abb. 5), sind außer Zellkern und Plastiden auch Chondriosomen und Sphärosomen als persistierende Elemente im pflanzlichen Protoplasten zu betrachten. Über die vermutliche Organellnatur der zuletzt genannten „Cytoplasmapartikel" besteht heute jedoch nach der Literatur noch keine Übereinstimmung (vgl. PERNER 1953, 1954 a; LINDBERG und ERNSTER 1954; STEFFEN 1955 u. a.). Trotz der zahlreichen Arbeiten über Chondriosomen reichen die experimentell gesicherten Kenntnisse noch nicht aus, Chondriosomen ohne Einschränkung als Organelle zu bezeichnen. In weitaus stärkerem Umfange gilt dies für Sphärosomen.

Wenn heute in der Zellforschung das Problem der Organellnatur „cytoplasmatischer Partikel" nach vielen Richtungen hin diskutiert wird, erscheint es angebracht, hier auf einige Punkte hinzuweisen, welche bei der Beurteilung dieser Frage von wesentlicher Bedeutung sind.

Von dem am besten bekannten Zellorganell — dem Zellkern — ausgehend, sind die den mendelnden Erbgang steuernden Systeme (Kerngene) als noch nicht näher bekannte sublichtmikroskopische Strukturen in den Chromosomen lokalisiert und linear auf dem Chromonema aufgereiht. Über die von lichtmikroskopischen Untersuchungen her bekannten Tatsachen hat das Elektronenmikroskop bislang noch nicht zu tieferen Erkenntnissen über die Feinstruktur dieser Genträger geführt, da es noch an geeigneten Methoden fehlt, DNS-reiche Zellstrukturen detailliert darzustellen (vgl. BAHR 1954). In Analogie zum Aufbau des Zellkerns müssen „Elementarduplikanten" im Sinne von STRUGGER (1953) als Träger extranukleärer Steuerungssysteme mit Gencharakter die Organelle im Cytoplasma aufbauen. Diese sind demnach stofflich komplex zusammengesetzt und strukturell hochgeordnet, was durch die elektronenmikroskopische Analyse für Plastiden, Chondriosomen und auch Sphärosomen nachgewiesen, werden konnte. Elementarduplikanten sind aber auch für das lichtoptisch hyaline Cytoplasma zu fordern. Ob allerdings die in isolierten Cytoplasmafraktionen elektronenmikroskopisch nachgewiesenen „Mikrosomen" im Sinne von CLAUDE (1943) mit derartigen Elementarduplikanten identisch sind, erscheint noch ungewiß und wird von vielen Autoren angezweifelt (vgl. PERNER 1953; WOHLFARTH-BOTTERMANN 1954; FREY-WYSSLING 1955;

Wildman und Cohen 1955 u. a.). Bemerkenswert ist aber zweifellos die Tatsache, daß bei der Analyse ultradünner Schnitte im Cytoplasma intakter Zellen neben anderen Strukturelementen eine regelmäßige granuläre Grundstruktur feststellbar gewesen ist (vgl. Sjöstrand 1953, 1955; Wildman und Cohen 1955; Mühlethaler 1955; Strugger und Perner 1956 u. a.).

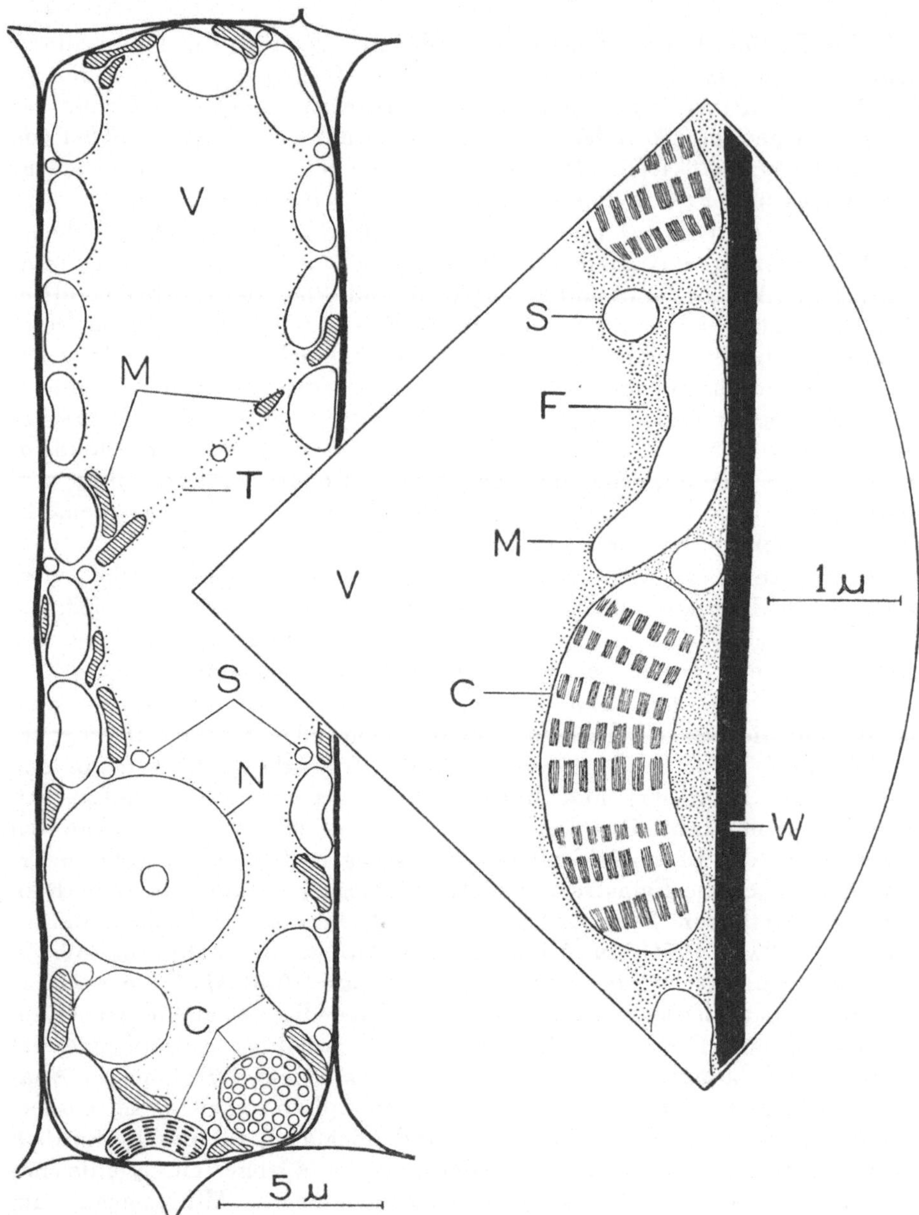

Abb. 1. Schnitt durch die schematisierte Zelle eines Angiospermenblattes. *N* = Zellkern mit Nucleolus, *C* = Chloroplasten, *M* = Chondriosomen (Mitochondrien), *S* = Sphärosomen, *T* = Plasmastrang, *V* = Vakuole, *F* = sublichtmikroskopische Elemente im hyalinen Cytoplasma, *W* = Zellwand.
(Nach Wildman und Cohen 1955.)

Von dieser Voraussetzung ausgehend, sind bei Berücksichtigung morphologischer Eigenschaften, des zellphysiologischen Verhaltens und der biochemischen Leistungen die folgenden Eigenschaften zu fordern, um einem „Cytoplasmapartikel" Organellcharakter zusprechen zu können:

1. Ein Organell lichtmikroskopischer Größenordnung enthält elementare Duplikanten und ist demnach durch eine komplexe plasmatische Organisation gekennzeichnet. Am stofflichen Aufbau sind Proteine, Lipoide und Nukleinsäuren beteiligt.

2. Diese stofflichen Komponenten sind zu hochgeordneten Plasmamustern zusammengefügt. Ein Organell ist durch eine spezifische sublichtmikroskopische Ordnung der Makromoleküle gekennzeichnet und besitzt daher auch spezifische lichtmikroskopische Eigenschaften.

3. Nach den Gesetzmäßigkeiten nichtmendelnder Erbgänge sind Organelle als Träger extranukleärer Gene im Cytoplasma der Zelle in Vielzahl vorhanden. Es ist darüber hinaus die Existenz verschiedener Organellsysteme zu fordern, welche sich aus gleichartigen Organellen zusammensetzen. In bezug auf stoffliche Zusammensetzung, strukturelle Ordnung und funktionelle Leistung unterscheiden sich die Organellsysteme einer Zelle charakteristisch voneinander.

4. Im Gefüge des Protoplasten als Lebenseinheit besitzen Organelle eine gewisse Autonomie. Als Genstrukturen und Träger enzymatischer Systeme können Organelle nicht de novo entstehen. Sie besitzen vielmehr die Fähigkeit zu identischer Reduplikation und zeigen damit Plasmawuchs.

5. Ihrer Funktion nach besitzen Organelle die Potenz zu spezifischen funktionellen Leistungen, wobei korrelative Wechselbeziehungen zu dem sie umgebenden Cytoplasma einerseits und zwischen den Organellsystemen andererseits bestehen dürften.

6. Innerhalb der Keimbahn besitzen sie eine Kontinuität, im Soma ist bei mannigfaltiger Anpassung an besondere Lebensbedingungen mit sekundären Veränderungen zu rechnen.

7. Der Protoplast muß nach wie vor im Sinne der klassischen Zellentheorie als kleinste Lebenseinheit aufgefaßt werden, dem Zellkern kommt eine übergeordnete Steuerungsfunktion zu. Organelle sind demnach nicht kleinste „Lebenseinheiten", sondern nur Träger von „Teilfunktionen".

Damit sind einleitend die Gesichtspunkte herausgestellt, unter denen bei dem gegenwärtigen Stand der Zellforschung eine Analyse der einzelnen Konstituenten des so komplexen Protoplasten Erfolg verspricht.

II. Die Identifizierung der Sphärosomen nach ihren morphologischen Eigenschaften

Im Verlauf der letzten Jahrzehnte hat sich für die verschiedensten biologischen Arbeitsrichtungen die zwingende Notwendigkeit ergeben, spezielle physiologische Probleme im Bereich des Protoplasten zu untersuchen. Damit ist die Zelle über den engeren Kreis der Cytologen hinaus auch für Biochemie, Genetik, Krebsforschung und andere Disziplinen zum Hauptuntersuchungsobjekt geworden. Im Interesse des gegenseitigen Verstehens und bei der allgemeinen Bedeutung des Problems der weiteren Erforschung der „Zelle" ist damit aber auch die Frage nach einer cytologisch gerechtfertigten Nomenklatur aller wesentlichen morphologischen Zellbestandteile zu einem dringenden Problem geworden. Die Literatur zeigt, daß heute in bezug auf die im Schrifttum für Zellbestandteile verwendeten Termini eine außerordentliche Verwirrung herrscht. Sie macht nicht nur die Analyse mancher Probleme unmöglich, sondern hat auch zu schwerwiegenden Irrtümern Anlaß gegeben.

So werden — um nur auf einige Beispiele aufmerksam zu machen — in der Biochemie granuläre Zellpartikel, welche sich aus einem Gewebehomogenat bei ca. 16.000 g sedimentieren lassen, mehr oder weniger kritiklos als „Mitochondrien" bezeichnet (vgl. Claude 1943; Hogeboom und Palade 1948; Lang 1952; Millerd und Bonner 1953; Lindberg und Ernster 1954 u. a.). Wenn von Du Buy und Lackey (1950), McClendon (1952, 1953), Stafford (1951) u. a. pflanzliche Homogenate lediglich in „Zellkern-, Chloroplasten- und Mitochondrienfraktion" aufgeteilt werden, vermißt man eine nähere Auskunft über den Verbleib von Sphärosomen bzw. Proplastiden und Leukoplasten. Daß diese Organelle tatsächlich im Cytoplasma lebender Zellen bei den jeweils verwendeten Objekten nachweisbar sind, wird nicht berücksichtigt.

Graffi (1939, 1940), Ephrussi (1950), Mudd und Mitarb. (1951), Schmitz (1951), Lettré (1951) u .a. bezeichnen stark lichtbrechende Partikel bei Pilzen, Bakterien und in Fibroblastenkulturen als Mitochondrien, die aber nach allen cytologischen Erfahrungen nicht mit diesen identisch sein können (vgl. Bautz 1955 e, 1956; Steinhoff 1956 u. a.). Unrichtig wäre es auf der anderen Seite, alle stark lichtbrechenden Partikel in Pflanzenzellen kritiklos als Sphärosomen zu bezeichnen, nachdem auch Reservefetttropfen einen ähnlichen Aspekt bieten (vgl. Perner 1953; Drawert und Metzner 1955).

Bei elektronenmikroskopischen Untersuchungen ultradünner Schnitte durch tierische und pflanzliche Zellen wird wiederholt von „osmiophilen Granula" u. ä. gesprochen, wenn es sich um Körper lichtmikroskopischer Größenordnung handelt, die nicht mit Mitochondrien identisch sind (vgl. Leyon 1954; Rhodin 1954 u. a.). Nur in wenigen Fällen werden andere Methoden herangezogen, um diese „Granula" zu identifizieren.

Vom Standpunkt der heutigen Zellforschung gesehen, muß in Zukunft streng zwischen Proplastiden und Chondriosomen unterschieden werden, wenn es sich um die biochemische Analyse meristematischer Gewebe handelt. Dies ergibt sich aus den Befunden von Strugger (1950, 1951, 1954) und seinen Mitarbeitern (vgl. Strugger und Perner 1956).

Für diese in der Literatur zweifellos bestehende Unklarheit und mangelnde Exaktheit in der Nomenklatur „cytoplasmatischer Zellpartikel" lassen sich u. a. die folgenden Gründe anführen:

1. Die Cytomorphologie hat nach der klassischen Epoche der Cytologie bis zur Gegenwart nicht die gleiche Wertschätzung gefunden wie andere biologische Arbeitsrichtungen (z. B. Biochemie, Physiologie). Die Kunst des Mikroskopierens ist daher weitgehend verlorengegangen. Nur wenige Arbeits-

kreise — es sind hier die Namen von WEBER, FREY-WYSSLING, HÖFLER, STRUGGER und DRAWERT zu nennen — haben die Lichtmikroskopie unter sinnvoller Anwendung neuer Methoden (z. B. Dunkelfeld-, Phasenkontrast-, Fluoreszenz- und Polarisationsmikroskopie) und vor allem am lebenden Objekt weitergepflegt. Die Protoplasmaforschung hat dadurch wertvolle Anregungen erhalten, die aber nicht allgemeine Beachtung gefunden haben. Ebenso wie die Makrophysiologie ohne Histologie und Organographie nicht denkbar wäre, erfordert die biochemische bzw. funktionelle Analyse im Bereich der Zelle eine ausreichende Kenntnis der cytomorphologischen Konfiguration des Protoplasten. Darüber hinaus erleichtert die Kenntnis über die Labilität des lebenden Protoplasten gegenüber experimentellen Eingriffen die Deutung biochemischer Analysen an Homogenaten. Bei der Vernachlässigung der Cytomorphologie in den vergangenen Jahrzehnten verfügen heute nicht alle Untersucher von „Zellen" über die dazu notwendigen cytomorphologischen Voraussetzungen und Einsichten.

2. Daraus ergibt sich, daß in vielen Fällen zur Identifizierung von „Cytoplasmapartikeln" unzureichende cytologische Methoden herangezogen werden. So hat sich nach der eingehenden Erforschung des lebenden Protoplasten ergeben, daß die klassischen Fixations- und Färbemethoden nicht zur eindeutigen Kennzeichnung eines Zellelementes ausreichen. Mit Hilfe der „méthodes mitochondriales" der französischen cytologischen Schule (vgl. GUILLIERMOND, MANGENOT und PLANTEFOL 1933) sollen sich „echte" Chondriosomen nachweisen lassen. Wie die Befunde von STRUGGER (1954 a und b), BAUTZ (1955 a) u. a. gezeigt haben, färben sich jedoch nicht nur „echte" Chondriosomen, sondern auch Proplastiden, Leukoplasten und unter Umständen auch Sphärosomen an. Zur sicheren Diagnose sind demnach Differentialmethoden erforderlich, wobei der Lebendbeobachtung eine große Bedeutung zukommt. Ebenso unbefriedigend dürfte der Versuch sein, allein aus den Befunden der Vitalfärbung (bzw. Vitalfluorochromierung) eine sichere Identifizierung vornehmen zu wollen (vgl. GUTZ 1956 u. a.).

Das ältere cytologische Schrifttum weist für „Chondriosomen" bzw. ähnliche Zellpartikel mehr als 20 verschiedene Synonyme auf (vgl. zusammenfassende Darstellung bei NEWCOMER 1940, 1951). Diese Tatsache ist oft zu Unrecht mit dem Hinweis auf die damaligen unzureichenden Methoden abgetan worden. Die große morphologische Mannigfaltigkeit von „Cytoplasmapartikeln" findet nach den neueren biochemischen Befunden eine Parallele in ihrer physiologischen Verschiedenartigkeit (vgl. LANG 1952 u. a.). Das große Verdienst der älteren cytologischen Untersuchungen liegt darin, erstmalig auf diese Mannigfaltigkeit hingewiesen zu haben.

3. Aus der Unkenntnis der Eigenschaften und des Verhaltens der lebenden Zelle ergibt sich weiterhin die Tatsache, daß sich nur wenige Untersucher über die außerordentliche Schwierigkeit einer exakten Identifizierung von sogenannten „Partikeln" in einem durch mechanische Zertrümmerung des Protoplasten entstandenen Homogenat im klaren sind (vgl. LANG 1952, 1953; MILLERD und BONNER 1953; LINDBERG und ERNSTER 1954 u. a.). Dies erscheint aber unbedingt erforderlich, wenn man von der biochemi-

schen Leistung des Homogenats bzw. einer Fraktion Rückschlüsse auf die Funktionen der Zelle bzw. von Zellbestandteilen ziehen will.

4. Beim Arbeiten an überlebenden Zellen, fixierten Geweben und Homogenaten zum Zwecke des Nachweises von Fermenten wird nur in wenigen Fällen die Frage kritisch geprüft, ob und inwieweit bei den dazu notwendigen experimentellen Eingriffen sekundäre Veränderungen im Protoplasten eingetreten sind. Bei der Labilität des Protoplasten kann nur der Zustand und die Eigenschaften einer lebenden, unbeeinflußten Zelle die Bezugsgröße sein, um die Frage des „Äquivalenzgrades" zu prüfen.

Je mehr Biochemie, Stoffwechselphysiologie, Genetik und andere Disziplinen sich darum bemühen, möglichst detaillierte Angaben über die funktionellen Leistungen von Zellbestandteilen zu machen, um so sorgfältiger hat auch die cytomorphologische Untersuchung zu erfolgen. Von der lebenden Zelle ausgehend, sind dabei alle geeignet erscheinenden Methoden vom Lichtmikroskop bis zum Elektronenmikroskop heranzuziehen, um so die zwischen den einzelnen Zellbestandteilen bestehenden Unterschiede zu erfassen und für ihre Identifizierung nutzbar machen zu können. Dabei dürften sich die folgenden Methoden anbieten:

1. Die cytomorphologische Lebendanalyse der Zelle im Hellfeld-, Phasenkontrast- und Dunkelfeldmikroskop, wobei der Protoplast durch Trauma, Ionenwirkung u. ä. nicht geschädigt sein darf und vorerst eine Behandlung mit Vitalfarbstoffen nicht vorgenommen worden ist.

2. Parallele Untersuchungen am fixierten Objekt, wobei neben der Anfärbung nach klassischen cytologischen Methoden auf die Anwendung neuerer cytochemischer Methoden hinzuweisen wäre (Nachweis von Proteinen, Lipoiden, Nukleinsäuren u. ä. im Zusammenhang mit Extraktions- und Verdauungsmethoden, s. GLICK 1949; DANIELLI 1953; vgl. WILDMAN und COHEN 1955).

3. Die Anwendung polarisationsmikroskopischer Methoden am lebenden und fixierten Objekt, um Aussagen über eine mögliche sublichtmikroskopische Ordnung in der Feinstruktur machen zu können (vgl. FREY-WYSSLING 1955 u. a.).

4. Feincytologische Analyse mit Hilfe des Elektronenmikroskops an ultradünnen Schnitten nach vorheriger erschöpfender Analyse im Lichtmikroskop (vgl. SJÖSTRAND und RHODIN 1953; SJÖSTRAND 1955 u. a.).

Vergleichende licht- und elektronenmikroskopische Untersuchungen müssen gefordert werden, um bei der großen Ähnlichkeit der einzelnen Zellbestandteile Irrtümer von vornherein auszuschalten. Schon die geringe Größe und die Vielzahl der „granulären" Strukturen im Cytoplasma erschweren ihre Unterscheidung. Auf Grund der prinzipiell gleichartigen Zusammensetzung plasmatisch organisierter „Cytoplasmapartikel" können die optischen Unterschiede im Lichtmikroskop zum Cytoplasma bzw. der näheren Umgebung so gering sein, daß sich wesentliche Einzelheiten dem lichtoptischen Nachweis entziehen. Das gilt z. B. für den Nachweis des primären Granums in Leukoplasten intra vitam (vgl. PERNER 1954 b; PERNER und Losada-Villasante 1956). Bei der Unspezifität der färberischen Methoden lassen sich derartige Einzelheiten mitunter auch nach Färbung intra vitam oder am fixierten Objekt nicht erfassen (vgl. Strugger 1954 a, b). Bei der Analyse somatischer Zellen ist damit zu rechnen, daß sich in Abhängigkeit vom Entwicklungszustand oder bei Anpassung an besondere Funktionen Organelle auch morphologisch weitgehend verändern. Dies zeigt die ontogenetische Entwicklung von Chloroplasten (vgl. Strugger 1950, 1951, 1954 a, b; Strugger und Perner 1956 u. a.) und die der Leukoplasten (vgl. Perner 1954 b; Bartels 1955; Perner und Losada-Villasante 1956). In bezug auf die Konfiguration und die cytomorphologische Organisation des Protoplasten bestehen zwischen den höheren Pflanzen und den Zellen der Bakterien, Blaualgen und Pilze charakteristische Unterschiede (vgl. Piekarski 1952; Bautz 1955 e u. a.).

Bei der Kleinheit der intrazellulären Partikel und ihrer möglichen Verschiedenartigkeit in Abhängigkeit vom Entwicklungszustand des Objekts, dessen Funktion und systematischer Stellung erfordert die lichtmikroskopische Analyse die volle Beherrschung der dazu nötigen Grundlagen. Da man gezwungen ist, im Grenzbereich der theoretischen Auflösung des Lichtmikroskops zu arbeiten, kann es nicht verwundern, daß sich in neuerer Zeit immer mehr der Gebrauch des Elektronenmikroskops mit seiner wesentlich höheren Auflösung in der Zellforschung durchsetzt. Der Wert elektronenmikroskopischer Untersuchungen steht außer Zweifel, wenn sowohl Fixation als auch Präparation sorgfältig gehandhabt werden. So zeigt Sjöstrand (1955), daß es bei besonderer Präparation möglich ist, die Auflösung des Elektronenmikroskops auch am biologischen Objekt voll auszunutzen. Andererseits müssen aber Bedenken erhoben werden, wenn auf die lichtmikroskopische Analyse überhaupt verzichtet wird und lediglich das elektronenmikroskopische Bild der Identifizierung und Beurteilung des Objektes dient. Strugger und Perner (1956) weisen bei der Analyse der ontogenetischen Entwicklung des Chloroplasten nach, daß die richtige Beurteilung der detaillierten elektronenmikroskopischen Bilder und die Einordnung mancher Einzelheiten nur dadurch möglich wurde, daß das Objekt vorher einer eingehenden lichtmikroskopischen Analyse unterzogen wurde. Andererseits konnte Leyon (1954) von ihm als „dense bodies" bezeichnete Gebilde im elektronenmikroskopischen Bild nicht deuten und biologisch richtig einordnen, da anscheinend lichtmikroskopische Analysen nicht vorgenommen wurden. Es kann weiterhin cytologisch nicht befriedigen, daß auf Grund des elektronenmikroskopischen Bildes neue Termini geschaffen werden, wenn es sich offensichtlich um Zellbestandteile lichtmikroskopischer Dimensionen handelt, welche sich mit Hilfe anderer Methoden identifizieren lassen würden (z. B. osmiophile Granula u. ä.). Neue Termini erscheinen nur dann gerechtfertigt, wenn die vergleichende Anwendung anderer Methoden nachweislich nicht zum Erfolg geführt hat. Derartige Versuche sind aber in keinem Falle unternommen worden. Es wäre bedauerlich, wenn in der Elektronenmikroskopie der gleiche Fehler gemacht werden würde wie vor 50 Jahren bei der cytomorphologischen Analyse von Zellpartikeln mit Hilfe des Lichtmikroskops, die Newcomer (1940) einer Kritik unterzieht.

Für die im Protoplasten pflanzlicher Zellen vorhandenen Organelle (bzw. persistierenden „Cytoplasmapartikel" mit vermutlichem Organellcharakter) hat sich heute die im Schema der Abb. 1 und Abb. 5 sowie im Verlauf dieser Arbeit verwendete Nomenklatur durchgesetzt. Es erscheint angebracht, an dieser Stelle auf die historische Entwicklung einzugehen. Die ersten Angaben über kleine, an der Grenze der lichtmikroskopischen Sichtbarkeit liegende, mehr oder weniger granuläre Partikel im sonst optisch hyalinen Cytoplasma gehen auf von Hanstein, Altmann, von St. George la Valette u. a. zurück, wobei von Hanstein (1880) dafür den Begriff „Mikrosomen" einführt. Bereits von St. George la Valette (1886) hat aber die cytomorphologische Verschiedenartigkeit dieser Mikrosomen erkannt, denn er spricht von „einzelnen stark lichtbrechenden Körnchen" und „mehr oder minder langen Fädchen". Benda (1902) und später Meves (1904) ist es dann durch spezifische Fixations- und Färbemethoden gelungen, „Mitochondrien" bzw. „Chondriosomen" zu unterscheiden. In der Cytologie galten dann im Sprachgebrauch der Literatur jene stark lichtbrechenden Körnchen bzw. Kugeln als „Mikrosomen", welche im Dunkelfeld hell wie Sterne aufleuchten (vgl. Gaidukow, Price u. a.). Auf Grund des Lipoidreichtums prägte Guilliermond (1921, 1923) den Begriff von „granulations lipoidiques", und in der Lehrmeinung galten sie bis in die jüngste Zeit als ergastische Bildungen des Cytoplasmas. Schon P. A. Dangeard (1919) widersprach aber dieser Ansicht. Davon ausgehend, daß sich unter dem Terminus Mikrosomen verschiedenartiger Zellelemente verbergen, führt P. A. Dangeard für jene kugeligen, stark lichtbrechenden Partikel relativ übereinstimmender Größe den Begriff „Sphärosomen" ein und bezeichnet ihre Gesamtheit in der Zelle als „Sphärom". Auch P. Dangeard (1947) und Küster (1951) betonen, daß „Mikrosomen" nicht gleichartige Elemente sein können, daß aber ihre Kleinheit eine nähere Analyse außerordentlich erschwert. In der biochemischen Literatur sind dann durch Claude (1943) sublichtmikroskopische Partikel in der Größenordnung von 50 bis 200 $\mu\mu$ in Anlehnung an Hanstein — aber in Unkenntnis der Verwendung des Terminus „Mikrosomen" im botanischen Schrifttum — für Partikel lichtmikroskopischer Dimension gleichfalls als „Mikrosomen" bezeichnet worden. Der Vorschlag von Frey-Wyssling (1949) und Weber (1952), diese sublichtmikroskopischen Partikel besser „Submikrosomen" zu nennen, hat sich leider nicht durchgesetzt. Perner (1952 a, 1953) hat dann auf Grund lichtmikroskopischer Befunde in Anlehnung an P. A. Dangeard (1919) vorgeschlagen, die im botanischen Schrifttum bislang als Mikrosomen bezeichneten kugeligen, stark lichtbrechenden Partikel Sphärosomen zu nennen, nachdem keinerlei Verwandtschaft zwischen diesen Partikeln und den sublichtmikroskopischen Zellelementen nach Claude besteht. Sie sind auch in Übereinstimmung zu Drawert (1955) von offensichtlichen Fett- oder Lipoidtropfen ephemeren Charakters zu trennen. Ihrem Verhalten nach zeigen sie eine positive Reaktion bei Behandlung mit dem Nadi- und TTC-Reagens, wobei allerdings auch „Fetttropfen" das gleiche Verhalten zeigen können. Damit sind im Cytoplasma von Pflanzenzellen neben dem Kern Plastiden, Chondriosomen und Sphärosomen als morphologische Konstituenten des Protoplasten zu betrachten.

a) Das Aussehen der Sphärosomen im Vergleich zu Chondriosomen bei Beobachtung lebender Pflanzenzellen im Hellfeld, Dunkelfeld- und Phasenkontrastmikroskop

Die cytomorphologische Kennzeichnung der Sphärosomen muß unter dem Gesichtspunkt einer Unterscheidung von Chondriosomen bzw. Plastiden einerseits und ephemeren Fett- und Lipoidtropfen andererseits stehen.

Die oberen Epidermiszellen der Schuppenblätter von *Allium cepa* gehören zu den cytologisch am besten bekannten Objekten und sind ein gutes Beispiel, um die besonderen cytomorphologischen Eigenschaften der

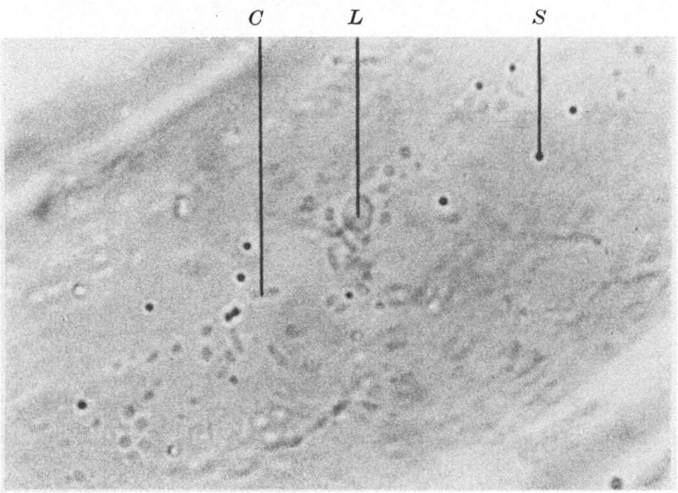

Zu Abb. 2 bis Abb. 4: Die lichtmikroskopische Organisation der lebenden, ungefärbten Epidermiszelle eines Schuppenblattes der Küchenzwiebel (*Allium cepa*).
L = Leukoplasten, *C* = Chondriosomen (Mitochondrien), *S* = Sphärosomen.

Abb. 2. Im Hellfeldmikroskop sind bei sehr geringem Kontrast im Protoplasten (Phasenpräparat) nur die stark lichtbrechenden und von Beugungssäumen umgebenen Sphärosomen zu erkennen. Erst bei stärkerer Abblendung lassen sich auch Chondriosomen und Leukoplasten identifizieren.

Sphärosomen im Hellfeld-, Dunkelfeld- und Phasenkontrastmikroskop zu demonstrieren (vgl. Abb. 2, 3, 4). Da sich die Epidermishäutchen als einschichtiger Zellenverband ohne Beeinträchtigung des Lebenszustandes mit Hilfe der Vakuuminfiltrationsmethode (vgl. STRUGGER 1949) leicht präparieren lassen, die Zellen relativ groß sind und der Protoplast verhältnismäßig resistent ist, sind die *Allium*-Epidermen ein beliebtes Objekt für die Lebendanalyse gewesen (vgl. SOROKIN 1938, 1955 a; STRUGGER 1949; PERNER 1954 a u. a.). Es gibt im Pflanzenreich leider nur wenige Objekte, welche in gleich idealer Weise dazu geeignet wären (vgl. STRUGGER 1949, dort nähere Angaben über weitere Objekte und deren Präparation). Nachdem die große morphologische und physiologische Mannigfaltigkeit der zellulären Organisation bekannt ist, dürfen die bei diesem Objekt vorliegenden Verhältnisse allerdings nicht kritiklos verallgemeinert werden.

Nach dem in Abb. 5 (vgl. dazu Abb. 1) gegebenen Schema der Organisation einer Pflanzenzelle sind neben dem Zellkern (*N*), den Plastiden (als Proplastiden, Chloro-, Leuko- oder Chromoplasten vorliegend [*P*]), den

Chondriosomen (Mitochondrien [*C*]) auch Sphärosomen (*S*) als persistierende Bestandteile des Protoplasten in allen bislang untersuchten Zellen
höherer Pflanzen nachweisbar gewesen. Aus dem Vergleich der Abb. 2 bis 4

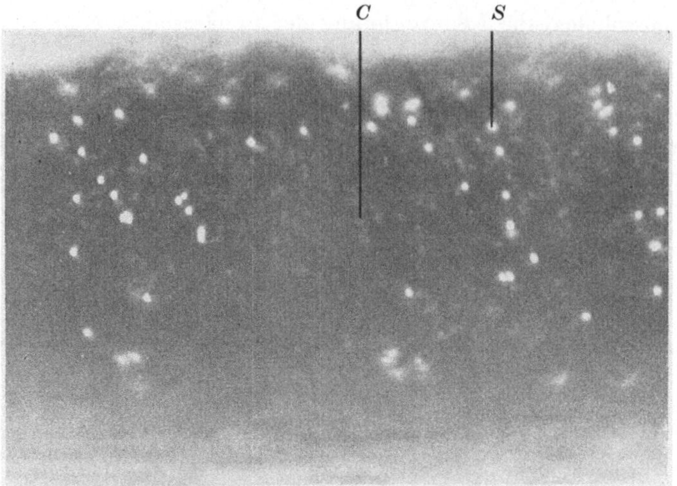

Abb. 3. Im Dunkelfeldmikroskop leuchten Sphärosomen hell auf wie kleine Sterne, Chondriosomen und Leukoplasten beugen das einfallende Licht nur in ihren Grenzschichten und schimmern matt im nicht auflösbaren
dunkel erscheinenden Cytoplasma.

geht hervor, daß sich diese Organelle in ihren lichtoptischen Eigenschaften
wesentlich voneinander unterscheiden und damit identifizieren lassen.

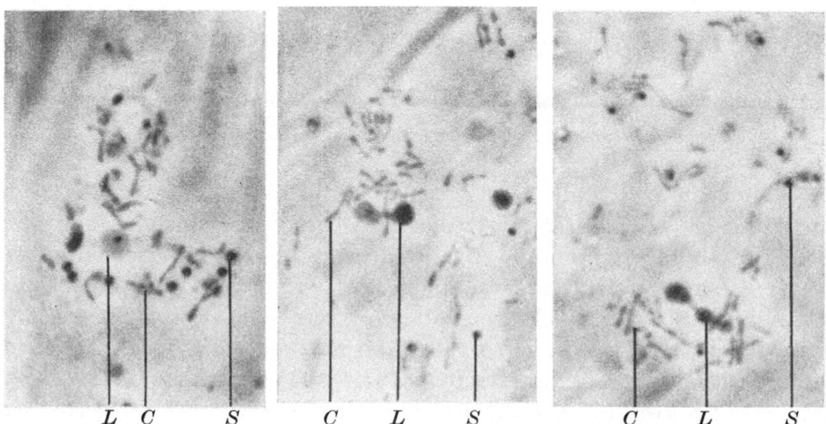

Abb. 4. Im Phasenkontrastmikroskop zeigen Sphärosomen, Chondriosomen und Leukoplasten einen unterschiedlichen Phasenkontrast, so daß sie unter Berücksichtigung von Form und Größe leicht zu unterscheiden sind.

Da die lebende Pflanzenzelle dem optischen Charakter nach ein Phasenpräparat darstellt, kann nicht ein befriedigendes, kontrastreiches Bild erwartet werden (vgl. Abb. 2). Die Lichtbrechungsunterschiede der verschiedenen
Organelle gegenüber dem Cytoplasma sind meist so gering, daß sich Zellkern, Plastiden (Proplastiden, Leukoplasten) und Chondriosomen nur wenig

abheben. Auf das Hellfeldmikroskop darf aber im Interesse der Deutung des Dunkelfeld- und Phasenkontrastbildes nicht verzichtet werden. Allein die Sphärosomen zeigen eine stärkere Lichtbrechung, heben sich als kleine Kugeln, die wie Fetttropfen aussehen, vom Hyaloplasma ab und lassen sich dadurch einwandfrei von kugeligen Chondriosomen bzw. Leukoplasten unterscheiden. Die letzteren sind nur so schwach lichtbrechend, daß sie erst bei stärkerer Abblendung lichtoptisch nachweisbar werden.

Im Cytoplasma der *Allium*-Zelle sind außer den genannten Organellen häufig mehr oder weniger stark lichtbrechende Blasen und Schläuche zu erkennen, die myelinartiger Natur sind und ephemere Entmischungsphasen des Cytoplasmas darstellen. Fett- oder Lipoidvakuolen, welche als offensichtliche Reservestoffe im Cytoplasma abgelagert worden sind, fehlen bei diesem Objekt unter normalen Lebensbedingungen. Erst bei pathologischer Beeinflussung des Stoffwechsels durch Berberin (vgl. HILWIG und SCHMITZ 1951; LETTRÉ 1951; PERNER 1952 b) kommt es zu einer fettigen Degeneration, wobei im Cytoplasma verschieden große, stark lichtbrechende Fettvakuolen zu beobachten sind. Sie können zu großen Tropfen zusammenfließen. Solche Fettvakuolen haben den gleichen lichtmikroskopischen Aspekt wie Sphärosomen, so daß eine Identifizierung der letzteren erschwert wird, wenn nicht sogar unmöglich ist. Es liegt die Vermutung nahe, im Sinne von GUILLERMOND (1921 b) in den Sphäro-

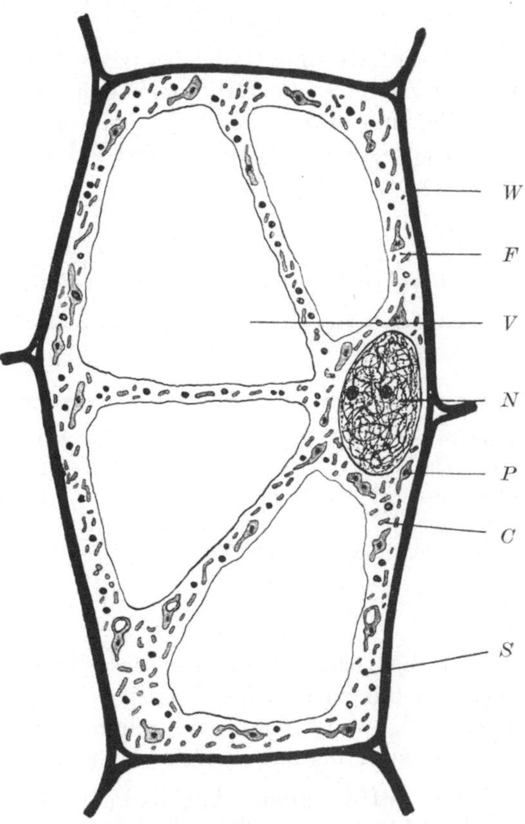

Abb. 5. Die lichtmikroskopische Organisation einer pflanzlichen Dauerzelle. Als Organelle lichtmikroskopischer Dimension sind Zellkern, Plastiden, Chondriosomen und Sphärosomen zu unterscheiden.
(Schema nach PERNER 1953.)
W = Zellmembran, F = Cytoplasma, V = Vakuole

somen die Initialphasen für Fetttropfen (Reservestoffe!) zu sehen. Die Sphärosomen bleiben jedoch bei Behandlung mit Berberin nach Größe und Anzahl unverändert erhalten und lassen sich mit Hilfe cytochemischer Reaktionen (Färbung mit Rhodamin B u. a.) von den sekundär im Cytoplasma auftretenden Fettvakuolen unterscheiden. Sie haben demnach eine andere stoffliche Natur und sind nicht mit „Fetttropfen" identisch, wenn auch der lichtmikroskopische Aspekt in vivo dafür spricht.

Die Sphärosomen sind immer ideal kugelige Gebilde, deren Größe bei *Allium*-Zellen um 0,7 bis 0,8 μ schwankt. Auffallend ist die übereinstimmende Größe der Sphärosomen in ein und derselben Zelle bzw. in den Zellen eines Epidermishäutchens. Wie Perner (1954 a) bei vergleichenden Untersuchungen von lebendem Zwiebelmaterial verschiedenster Herkunft und bei mehreren Kulturrassen feststellen konnte, variiert der Durchmesser der Sphärosomen zwischen 0,6 und 1,0 μ. Demgegenüber führen die Zellen anderer Blütenpflanzen, Farne, Moose und Algen auch Sphärosomen charakteristischer Größe, so daß die Größe innerhalb einer weiten Grenze spezifisch zu sein scheint.

Die Sphärosomen sind stets in Vielzahl vorhanden, wobei für dieses Objekt Zahlenwerte nicht vorliegen. Wildman und Cohen (1955) geben eine Tabelle, in welcher das Volumen und die Anzahl der verschiedenen lichtmikroskopischen Organelle und sublichtmikroskopischen Teilchen angegeben werden (vgl. Tab. 1).

Tabelle 1. *Relatives Volumen und Anzahl der intrazellulären Organelle und sublichtmikroskopischen Partikel pro Zelle* (nach Wildman und Cohen 1955).

	Relatives Volumen	Anzahl pro Zelle
Zellkern	200 000 000	1
Chloroplasten	15 000 000	100
Chondriosomen	1 000 000	700
Sphärosomen	150 000	300
sublichtmikroskopische Partikel ("Fraction I particulates")	1	100 000 000

Bei Beobachtung ein und desselben Epidermishäutchens über eine längere Zeit (bis zu 14 Tagen) ist eine Verminderung in der Anzahl der Sphärosomen oder eine Volumenverringerung nicht festzustellen gewesen. Ebensowenig sind bislang sphärosomenfreie Zellen aufgefunden worden.

Die auffallendste Eigenschaft der Sphärosomen dürfte die hohe Beweglichkeit im strömenden Cytoplasma sein. In Übereinstimmung zu Dangeard (1947) u. a. liegt hier keine aktive Bewegung vor, die Sphärosomen werden vielmehr passiv durch das strömende Cytoplasma transportiert, so daß ihre Bewegung ein brauchbares Kriterium für die Intensität der Plasmaströmung ist. Auch die Bewegung der Chondriosomen dürfte passiv sein, wie aus einer kinematographischen Analyse dieses Objektes hervorging (Perner 1956, Film C 710, Inst. f. d. wiss. Film). Fadenförmige Chondriosomen zeigen allerdings eine gewisse Flexilität, ein peitschenartiges Durchbiegen, wobei der Querdurchmesser erhalten bleibt. Andere Autoren (vgl. Chèvremont und Frédéric 1951; Frédéric und Chèvremont 1952) halten jedoch bei tierischen Chondriosomen eine Eigenbeweglichkeit für wahrscheinlich. Nach eigenen Befunden (Perner 1953, 1954, 1956) zeigen in Übereinstimmung zu Strugger (1950, 1951, 1954 a, b) u. a. allein Leukoplasten bzw. Proplastiden eine aktive amöboide Formveränderlichkeit, so daß sich diese dadurch von Chondriosomen bzw. Sphärosomen unterscheiden lassen.

Die Bewegungsintensität der Sphärosomen ist meist höher als die gleich großer Chondriosomen, was sich eindrucksvoll bei einer kinematographischen Analyse demonstrieren läßt (vgl. PERNER 1956). Vollzieht sich die Plasmaströmung nach dem Typus einer „Glitschbewegung" (vgl. STRUGGER 1949), ist der Bewegungsrhythmus der Sphärosomen unvergleichlich lebhafter als der von Chondriosomen, die lediglich eine langsame diskontinuierliche Bewegung zeigen. Liegt eine reizbedingte „Rotationsströmung" vor, ist die Strömungsgeschwindigkeit der Chondriosomen höher, ohne daß die ebenfalls gesteigerte Strömungsgeschwindigkeit der Sphärosomen erreicht wird. Da die Intensität der Plasmaströmung in außerordentlichem Maße von zahlreichen Außenfaktoren abhängig ist (vgl. FREY-WYSSLING 1952), lassen sich Zahlenwerte für die Bewegung von Sphärosomen und Chondriosomen nicht angeben. Die verschiedene Strömungsgeschwindigkeit von Sphärosomen und gleich großen Chondriosomen könnte auf eine unterschiedliche Struktur der Oberflächen zurückgeführt werden und wäre demnach stofflich bedingt. Andererseits spricht die lichtmikroskopische Analyse dafür, daß sich Sphärosomen und Chondriosomen in anderen Plasmaschichten befinden.

Im Zuge der Plasmaströmung lagern sich häufig zwei Sphärosomen aneinander, so daß diplokokkenähnliche Bilder zu beobachten sind, welche für eine Teilung sprächen. Wie BÜNNING (vgl. STRUGGER 1949) ausführt und PERNER (1954 a) bestätigt, ist dieser Vorgang zufallsbedingt und wahrscheinlich auf besondere Oberflächenkräfte zurückzuführen.

Im Dunkelfeldmikroskop bieten die Sphärosomen einen ganz anderen Aspekt, wie es Abb. 3 zeigt. Dem Prinzip des Dunkelfeldbildes entsprechend, treten die Sphärosomen als helleuchtende kugelige Gebilde in Erscheinung, während die Plasmagrundsubstanz lichtoptisch nicht auflösbar ist und dunkel erscheint. Demgegenüber sind die Chondriosomen und Leukoplasten nur schwach leuchtend. Lediglich die „Grenzschichten" beugen das Licht, so daß diese Organelle von einem silbrig erscheinenden Saum umgeben sind. Die Chondriosomen werden in ihrem Stroma nicht aufgelöst und sind dunkel. Auch das Stroma der Leukoplasten erscheint schwarz; sind sie vakuolisiert, so leuchtet diese Vakuolenhaut ebenfalls schwach silbrig. Das Aufleuchten der Grenzschichten hat zweifellos cytomorphologisch einen beträchtlichen Wert, da es eine Unterscheidung der Sphärosomen von Chondriosomen u. ä. ermöglicht. Dabei bleibt die Tatsache unberührt, daß der helleuchtende Saum nicht ein wirklichkeitsgetreues Bild einer Grenzschicht ist (vgl. STEFFEN 1955). In ähnlicher Weise wie Chondriosomen leuchten auch die myelinartigen Blasen im Cytoplasma von *Allium*-Zellen.

Nach der Literatur hat weiterhin das Phasenkontrastverfahren einen unbedingten Wert für die Lebendanalyse von Zellen. Nachdem es KÖHLER und LOOS (1941) zum erstenmal gelang, das Phasenkontrastverfahren nach ZERNIKE zur technischen Reife zu bringen, existieren heute zahlreiche Phasenkontrastmikroskoptypen, die sich allerdings in technischer Hinsicht unterscheiden (z. B. Absorption). Daraus resultiert, daß Geräte verschiedener Herstellerfirmen ein und das gleiche Objekt verschieden darstellen (solche Unterschiede sind dem Autor zwischen den Phasenkontrasteinrichtungen von Leitz und Zeiss bekannt). Wie Wolter (1950) angibt, ist die Kenntnis der physikalischen Grundlagen dieses Verfahrens für das Verständnis des Phasenkontrastbildes unbedingte Notwendigkeit (siehe Bennet und Mitarb. 1951). So ergeben sich Fehlermöglichkeiten bei der Messung.

wenn der Radius des zu beobachtenden Objektes größer als $0{,}2 \cdot \dfrac{\lambda}{\sin \alpha_i}$ wird

(α_i ist die Apertur des Zernike-Streifens). Im allgemeinen werden im Phasenkontrastverfahren lediglich die in Amplitudenunterschiede verwandelten Phasendifferenzen erfaßt. Eine zusätzliche Absorption macht das Gerät für kleine Brechungsdifferenzen empfindlicher (vgl. Wolter 1954). Für die Praxis ergibt sich aus den kurz skizzierten Gründen, daß das Phasenkontrastverfahren stets vergleichend mit Untersuchungen im Hellfeld- bzw. Dunkelfeldmikroskop angewendet werden sollte. So können sich Deutungen der Kontrastintensität verbieten, weil sie von verschiedensten Faktoren (Größe, Form, gegenseitiger Abstand, Dicke, Milieu u. a.) bestimmt werden kann.

Beim Vergleich mit dem Hellfeld- und Dunkelfeldbild läßt das Phasenkontrastverfahren die Organelle der *Allium*-Zelle besonders eindrucksvoll unterscheiden (vgl. Abb. 4). Eine Beeinträchtigung der Darstellung tritt allerdings ein, wenn bei Beobachtung mit Immersionsobjektiven (Leitz Apo ÖL PH 90) die Zellen zu schmal sind oder wenn auf der Unterseite noch Reste des Mesophylls liegen. Bei Verwendung dieser Optik erscheinen die Sphärosomen als schwarze Punkte auf mattgrauem Untergrund (Plasmagrundsubstanz). Als sphärische Gebilde hoher Lichtbrechung sind sie mehr oder weniger stark von Beugungsringen umgeben. Kommen sie im Zuge der Plasmaströmung aus der Einstellebene, leuchten sie mehr oder weniger hell, die Beugungsringe treten stärker hervor. Demgegenüber heben sich die Chondriosomen (in ähnlicher Weise auch die Leukoplasten) mattgrau vom etwas helleren Untergrund des Cytoplasmas ab. Auch im Phasenkontrast lassen sich demnach Sphärosomen einwandfrei von Chondriosomen und Leukoplasten unterscheiden. Daß die schwarz erscheinenden, von einem „Halo“ umgebenen Partikel tatsächlich Sphärosomen sind, läßt sich bei Verwendung des Heine-Kondensors (Phaseneinrichtung von E. Leitz, Wetzlar) durch Übergang auf Hellfeld- bzw. Dunkelfeldbeobachtung leicht nachweisen. Das Verhalten aller Zellorganelle in der lebenden Zelle oder die Veränderungen im Zuge experimenteller Eingriffe (traumatische Schädigung, Milieuänderungen u. ä.) lassen sich mit absoluter Klarheit verfolgen, wenn die Bedingungen für einen Phasenkontrasteffekt optimal sind (vgl. Strugger 1947).

Bei Lebenduntersuchungen des gleichen Objekts und an Epidermiszellen verschiedenster höherer Pflanzen (meist Blätter oder Blüten) kommt Sorokin (1938, 1941, 1955 a und b) zu einer vollen Bestätigung dieser Angaben. Bei Kombination von Hellfeld- und Phasenkontrastmikroskopie unterscheidet Sorokin in Verbindung mit dem Resultat einer Behandlung mit Janusgrün drei persistierende Komponenten im Cytoplasma von Pflanzenzellen: Mitochondrien (Chondriosomen), Sphärosomen und Plastiden. Sphärosomen erscheinen im Phasenkontrastmikroskop immer als „reflecting black bodies", die mehr oder weniger stark einen „Halo-Effekt" zeigen. Sorokin (1955 a) findet mitunter eine regelmäßige Anordnung der Sphärosomen in Gruppen von vier und mehr, welche in Reihen liegen. Es liegt nahe, lokale Ströme im Cytoplasma zu vermuten. Für 26 untersuchte Varietäten von *Tulipa*-Epidermiszellen des Perianths gibt Sorokin (1955 a) eine Größe von 0,25 μ bis zu 1 μ Durchmesser an. Für die innere Scheide der Blüten von *Narcissus* wird die Größe der Sphärosomen mit 0,25 bis 0,5 μ angegeben.

Bei Untersuchungen der Wurzel von *Daucus carota* findet Weier (1942) kleine Granula — die wahrscheinlich mit Sphärosomen identisch sind — im farblosen, schnell strömenden Cytoplasma der Kerntasche. Die dem Kern benachbarten Cytoplasmapartien sind gefärbt und enthalten unbewegliche Granula (wahrscheinlich Chondriosomen). Nach Angaben von Sorokin (1955 b) lassen sich die Sphärosomen in Blattzellen von Salat und Spinat daran erkennen, daß sie sich schneller bewegen als irgendein anderer Bestandteil des Cytoplasmas. Sie sind stark lichtbrechend und bei Beobachtung mittels Ölimmersion „they appear as plates with rounded corners which revolve about their axis and continually change the phase contrast from dark to light".

Steffen (1953) untersucht lebende Pollenschläuche von *Galanthus nivalis* phasenkontrastoptisch. Im Hellfeld lassen sich Plastiden, Chondriosomen (Mitochondrien), Sphärosomen (Mikrosomen) und als Reservestoffe Lipoidtröpfchen beobachten. Im Phasenkontrastmikroskop sind die letzteren viel stärker gegenüber dem Cytoplasma kontrastiert. Die Chondriosomen werden im Hellfeld nur dann aufgefunden, wenn sie im Phako bereits beobachtet wurden. Sie sind in der Mehrzahl stabförmig (2 bis 3,5 und 0,35 bis 0,45 μ), daneben sind auch einige fadenförmige und wenig kokkenförmige zu beobachten gewesen. Im Hellfeld sind die letzteren von gleich großen Sphärosomen nicht unterscheidbar, im Phako erscheinen die kokkenförmigen Chondriosomen heller grau. Nach Steffen sind Reservelipoide und Sphärosomen optisch nicht unterscheidbar. Der dunkle Zernike-Kontrast der Sphärosomen (Durchmesser 0,6 bis 0,8 μ) deutet auf einen höheren Brechungsindex gegenüber dem Cytoplasma hin, was der lipoiden Komponente der Sphärosomen entsprechen würde. Nach den Befunden des Autors ist es innerhalb der 0,4 bis 2,0 μ großen „Tropfen" gleichen optischen Verhaltens nicht möglich, eine klare Unterscheidung zwischen Sphärosomen und Fetttropfen zu treffen. Steffen betrachtet nur die über 1,0 μ großen Gebilde mit Wahrscheinlichkeit als Reservestoffe. Wesentlich erscheint die Tatsache, daß auch in einem so speziell differenzierten Zelltyp, wie es der Pollenschlauch darstellt, Gebilde zu erkennen sind, welche mit großer Wahrscheinlichkeit mit Sphärosomen identisch sind. Wenn im Cytoplasma jedoch neben Sphärosomen lichtoptisch sehr ähnliche Reservestoffe fett- oder lipoidartiger Natur auftreten, ist die cytomorphologische Unterscheidung kaum möglich.

Nach Dangeard (1947) ist es intra vitam auch bei den Staubfadenhaaren von *Tradescantia virginica* nicht möglich, zwischen den einzelnen morphologischen Konstituenten zu unterscheiden. Die einzigen granulären Elemente, welche in vivo sichtbar sind (Hellfeld), haben „des charactères en quelque sorte intermédiaires entre ceux des microsomes (= Sphärosomen, d. Autor) et ceux des mitochondries". Das Vorkommen derartiger intermediärer Formen ist aber nach allen cytologischen Erfahrungen unwahrscheinlich und es liegt die Vermutung nahe, daß diese Aussage auf der Unzulänglichkeit der Untersuchungsmethode beruht. Bei vergleichender Betrachtung im Hellfeld- und Phasenkontrastmikroskop (vgl. Strugger 1949; Perner 1954 a) sind im Hellfeld — den Angaben Dangeards entsprechend — nur kleine lichtbrechende Partikel zu erkennen, die im Phasenkontrast tiefschwarz erscheinen und als Sphärosomen zu identifizieren sind. Außerdem sind aber auch schwach lichtbrechende, im Phasenkontrast mattgrau erscheinende, kugelige bis kurzstäbchenförmige Elemente zu beobachten, welche alle typischen Eigenschaften von Chondriosomen aufweisen. Im Hellfeld entziehen sie sich dem lichtoptischen Nachweis. Damit enthalten auch die Staubfadenhaare von *Tradescantia virginica* die für Zellen höherer Pflanzen typischen Chondriosomen und Sphärosomen. Der Phasenkontrast wird allerdings in den jugendlichen Zellen durch den Plasmareichtum beeinträchtigt. Dazu kommt ein störender Halo-Effekt, welcher durch die zylindrische Form der Haare bedingt ist. Bei ausgewachsenen Staubfadenhaaren behindern die Kutikularfalten der tonnenförmigen Zellen ebenfalls den Kontrast.

Nach Beobachtungen von Perner und Losada-Villasante (1956) lassen sich auch in den Wurzelhaaren von *Trianea bogotensis* mit Hilfe von Dunkelfeld- und Phasenkontrastmikroskop alle Zellorganelle intra vitam nachweisen. Neben unigranulären Leukoplasten sind typische Chondriosomen und allerdings sehr kleine Sphärosomen festzustellen. Auch bei einer Reihe anderer Objekte haben sich stets Plastiden, Chondriosomen und Sphärosomen nebeneinander im Cytoplasma erkennen lassen. Bei *Draparnaldia* spec., *Oedogonium* spec., *Stigeoclonium* spec. und *Spirogyra* spec. haben die stärker lichtbrechenden Sphärosomen eine Größenordnung von etwa 0,3 bis 0,4 μ. In den Blattzellen von *Agapanthus umbellatus*, *Iris germanica* u. a. sind sie 0,4 bis 0,5 μ im Durchmesser, während sie im Blattmesophyll von *Zebrina pendula* und in *Vallisneria spiralis* mit ca. 0,3 μ klein sind. Auch in den Blatthaaren von *Cucurbita pepo* sind sie kaum meßbar klein, aber außerordentlich zahlreich nachweisbar.

Nach den vorliegenden lichtmikroskopischen Befunden haben sich bisher immer in lebenden Zellen höherer Pflanzen neben Chondriosomen auch Sphärosomen nachweisen und als solche identifizieren lassen. Sie sind nach allen Erfahrungen persistierende Bestandteile des Protoplasten, ohne daß bisher Ergebnisse bekanntgeworden sind, daß das Cytoplasma frei von Sphärosomen sei bzw. daß typische Sphärosomen sich wie Fett- oder Lipoidtropfen verhalten würden und zu größeren Fettvakuolen zusammenfließen. Hier dürfte eine Möglichkeit liegen, Sphärosomen von den sonst gleich aussehenden Fettvakuolen zu unterscheiden, wenn Zellen unter besonderen Bedingungen über einen längeren Zeitraum beobachtet werden.

Weitaus schwieriger ist das Problem der cytomorphologischen Kennzeichnung der im Cytoplasma von Pilzen und Bakterien lichtmikroskopisch nachweisbaren „Granula". Nach der Literatur (vgl. zusammenfassende Übersicht bei STEFFEN 1955; BAUTZ 1955 e u. a.) ergibt sich die Feststellung, daß bei den einzelnen Untersuchern keine einheitliche Auffassung über die Natur und den biologischen Charakter dieser Granula besteht.

In den vegetativen Hyphen von Phycomyceten, Ascomyceten und Basidiomyceten lassen sich die cytomorphologischen Verhältnisse relativ leicht übersehen. Es sind einerseits durch die französische Schule um GUILLIERMOND u. a. (vgl. GUILLIERMOND 1921, 1923, Zusammenfassung bei GUILLIERMOND, MANGENOT und PLANTEFOL 1933) sorgfältige Untersuchungen mit Hilfe klassischer Methoden durchgeführt worden. Zu den gleichen Befunden haben auch die in den letzten Jahren vorgenommenen Lebendbeobachtungen mittels des Phasenkontrastverfahrens geführt (vgl. RITCHIE und HAZELTINE 1953; GIRBARDT 1955 a und b; STEINHOFF 1956 u. a.). Danach besteht kein Zweifel, daß beim Fehlen von Plastiden neben typischen Chondriosomen auch stark lichtbrechende Partikel nachweisbar sind, welche teils als „fat droplets" bzw. unspezifisch als Granula bezeichnet werden. GUILLIERMOND spricht von „granulations lipoidiques". Von allen Autoren wird betont, daß Pilzhyphen zum Studium von Chondriosomen besonders geeignet sind, da die Objekte leicht einer intravitalen Analyse zugänglich sind und zum anderen keinerlei Unterschiede zu Chondriosomen höherer Pflanzen bestehen (vgl. RITCHIE und HAZELTINE 1953 u. a.). Von besonderem Interesse sind in diesem Zusammenhang die sorgfältigen Beobachtungen lebender Hyphen von *Polystictus*, welche GIRBARDT (1955 a und b) durchgeführt hat. Neben typischen Chondriosomen werden stark lichtbrechende Granula beobachtet, die in der Größenordnung von 0,3 bis 0,7 μ liegen. Sie sind vorwiegend in den wachsenden Spitzenzellen zu finden, wobei die vergleichende Anwendung des Dunkelfeldmikroskops unter Zuhilfenahme der Kinematographie ihre Identifizierung erleichtert und die Beobachtung der Plasmaströmung ermöglicht. Es läßt sich nach Ansicht des Verf. cytomorphologisch nicht entscheiden, welche dieser Granula Sphärosomen bzw. ausgeschiedene Fetttropfen sind. Die weiteren Beobachtungen sprechen aber dafür, daß zwischen diesen 0,4 bis 0,7 μ großen Partikeln Unterschiede bestehen. GIRBARDT findet eine Anhäufung dieser Granula stets vor dem vorderen Wanderkern, wobei die Hauptmasse vor dem Kern hergeschoben wird. Die subterminale Zelle ist demnach arm an solchen Granula. Sie sind passiv beweglich, wobei auffällig ist, daß es einige gibt, welche zu raschen Bewegungen in beiden Richtungen befähigt sind. Bei dem ersten Anzeichen einer Querwandbildung ist an nicht näher definierbaren („präformierten") Stellen der Haupthyphe und Schnalle eine Anhäufung von etwa 0,4 μ großen Granula zu beobachten. Diese Phase bezeichnet GIRBARDT als Induktionsphase. Bereits 1 bis 2 Minuten später werden die Granula wieder zerstreut, wobei ein Kranz solcher Granula sich an der Innenwand festsetzt. Einzelne Granula können sich wieder ablösen, werden dann aber durch neue, zufällig vom Plasma vorbeigeführte, ersetzt. Mit der Entstehung der Querwand rückt dieser Kranz langsam zum Zentrum (vgl. Abb. 6 a und b). Girbardt vermutet, daß die weitere Querwandbildung so verläuft, daß unter Verwendung von plasmatischer Substanz oder von Reservestoffen neue Mikrofibrillen und andere Wandersubstanzen gebildet werden. Dabei könnten die etwa 0,4 μ großen Granula, welche bis zur Fertigstellung der Querwand an dieser haften bleiben, als „Steuerungszentren" für die notwendigen chemischen Prozesse fungieren. Nach der Auffassung von Girbardt induziert der Kern nur den Beginn der Querwandbildung, die Fertigstellung der Querwand erfolgt autonom und ohne erkennbare Beziehung zum Kern oder einem besonders aktivierten Plasma.

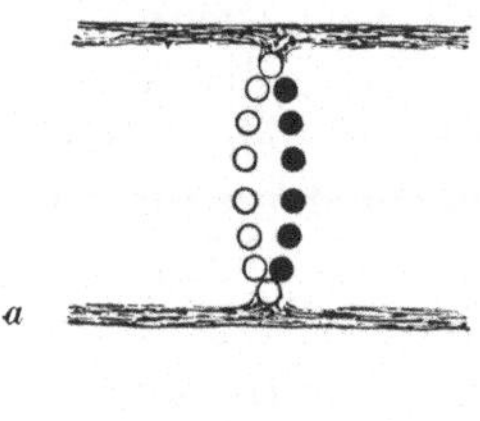

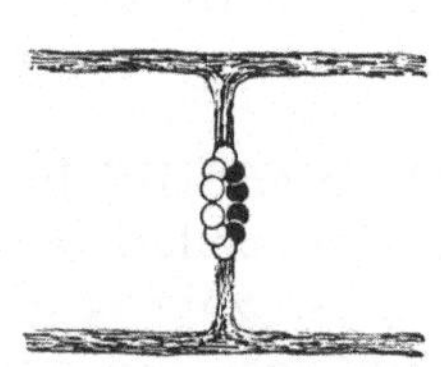

Abb. 6 a und 6 b. Schema der Querwandbildung bei Basidiomyceten. Das Mikrofibrillengerüst ist ringförmig aufgesprengt, der Kranz von Granula hat sich an der Innenwand festgesetzt (Abb. 6 a). Die Querwand ist fast fertiggestellt. Die Granula sammeln sich im Zentrum der Hyphe, ehe sie sich ablösen und im Cytoplasma frei beweglich werden (Abb. 6 b). (Girbardt 1955.)

Bei Lebendbeobachtungen der Keimhyphen von *Mucor Mucedo* findet Steinhoff (1956) neben typischen Chondriosomen stark lichtbrechende Sphärosomen mit einer Größe von 0,4 bis 0,8 μ. Sie werden wie bei den höheren Pflanzen leicht von der Plasmaströmung mitgeführt. Unter sorgfältig eingehaltenen optimalen Bedingungen werden sie in gut wachsenden Hyphen fast bis zur Spitze mitgeführt, stoppen dann aber am Beginn einer mit Hilfe von Neutralrotfärbung sichtbar zu machenden „Wachstumszone" am äußersten Ende der Hyphe (als Kuppe bezeichnet). In diese Kuppe gelangen nur wenige Sphärosomen. Bei langsamem oder gestörtem Wachstum (bei submers gehaltenen Hyphen!) ist die „Kuppe" nicht ausgeprägt, so daß dann auch im apikalen Hyphenende Sphärosomen reichlich nachweisbar sind. Werden Sporen unter dem Einfluß von Benzol oder Naphthalin zum Keimen gebracht, ist das Wachstum des Pilzes gestört und es kommt zur Bildung von größeren Fetttropfen. Eine sichere Entscheidung, ob diese Fettvakuolen durch Zusammenfließen von Sphärosomen oder ähnlichen lipoiden Granula bzw. neu entstanden sind, war nicht möglich. Jedenfalls sind auch unter diesen Bedingungen immer noch Granula in der Größenordnung von 0,4 bis 0,8 μ Durchmesser nachweisbar, welche als Sphärosomen angesprochen werden.

Demgegenüber ist es Gutz (1956) nicht möglich gewesen, bei Hyphen von *Mucor racemosus* Chondriosomen und Sphärosomen zu unterscheiden. Er betont, daß „nur eine Sorte von Granula" festgestellt werden konnte, welche Eigenschaften besitzen, die „teils den Chondriosomen, teils den Sphärosomen von *Allium cepa* zukommen". Diese Feststellung ergibt sich nach Gutz aus der vergleichenden Vitalfärbung mit Janusgrün B, Leukojanusgrün, Nilrot, reduziertem Nilblau R, Formazan (TTC-Reaktion) und Indophenolblau (Nadireaktion). Zu diesen Angaben auf S. 502 und 503 stehen allerdings die Bemerkungen auf S. 499 bzw. 500 im Widerspruch, welchen die Analyse der Hyphen im Hellfeld- und Phasenkontrastmikroskop zugrunde liegt: „Außer den Granula (wahrscheinlich mit Sphärosomen identisch, d. Autor) sind in den Hyphen noch Kerne und gelegentlich der Form nach typische Chondriosomen zu beobachten … sie sind klein und stäbchenförmig und geben einen grauschwarzen Phasenkontrast. Die Chondriosomen können aber nur selten beobachtet werden, am häufigsten kommen sie in Hyphenspitzen vor." Danach kann kein Zweifel bestehen, daß auch Gutz — entgegen den Angaben a. a. O. — in der lebenden, unbehandelten Hyphe typische Chondriosomen und Sphärosomen bzw. ähnliche Granula gesehen hat. Mit der Feststellung: „… in den mit Nilblau, TTC oder dem Nadi-Gemisch behandelten Hyphen konnte ich sie nie beobachten" wird zugegeben, daß die sehr labilen Chondriosomen im Zuge des „Vitalfärbungsexperiments" sich so verändert haben, daß sie nicht mehr als solche erkannt wurden. Dahingehend ist auch die Beobachtung von Gutz bei Färbung mit Janusgrün B (S. 501) zu deuten: „Die Granula, die sich mit Janusgrün im Hellfeld färben, sind mit den Granula identisch, die durch Nilrot, reduziertes Nilblau R und durch Leukojanusgrün fluorochromiert werden. Die gelegentlich zu beobachtenden, sich ebenfalls mit Janusgrün färbenden Chondriosomen werden — wie bereits erwähnt — nicht durch Nilrot fluorochromiert, unter dem Einfluß der Farbstoffe runden sie sich aber bald ab und bekommen das Aussehen der Granula."

Aus diesen Befunden von Gutz (1956) dürfte wohl eindeutig hervorgehen, daß die Methode der Vitalfluorochromierung ungeeignet ist, um cytomorphologische Aussagen über intravitale Zellstrukturen zu machen. Sie ist eine zellphysiologische Methode und erlaubt Aussagen über das Verhalten von Zellbestandteilen, wobei aber der Identifizierung andere Verfahren zugrunde gelegt werden müssen. Sie erfordert eine sorgfältige vergleichende Anwendung aller geeigneten Methoden, einschließlich klassischer Verfahren der Cytologie und des Elektronenmikroskops. Als Beleg dafür lassen sich die jüngsten Arbeiten von Bautz (1955 e und 1956) anführen, durch welche auch das cytologisch so schwierige Problem der Identifizierung der Plasmapartikel in Hefezellen einer Aufklärung zugeführt werden konnte.

Auch in der Literatur über die Hefe, welche ein beliebtes Objekt für stoffwechselphysiologische und genetische Untersuchungen darstellt (vgl. Zusammenfassung bei Bautz 1955 e) herrschte bis dahin die Meinung, daß im Cytoplasma der Hefe nur eine Sorte von Plasmapartikeln vorkommt. Ebenfalls auf Grund färberischer Methoden (Janusgrünfärbung, TTC- und Nadireaktion u. ä.) kamen eine Reihe von Autoren (vgl. Graffi 1939, 1940; Ephrussi 1950, 1953; Lindegren 1949; Bautz 1954 a, b, 1955 a; Marquardt und Bautz 1953; Hartmann und Liu 1954; Krieg 1954; Steiner und Heinemann 1954 u. a.) zu dem Schluß, die nach Färbung sichtbaren Partikel sind „Mitochondrien". Danach ergab sich eine glückliche Übereinstimmung der cytochemischen Methoden mit den Ergebnissen der biochemischen Forschung über die Lokalisation der Enzymsysteme des energetischen Stoffwechsels. Schon Perner (1952 a, b) macht jedoch darauf aufmerksam, daß diese als „Mitochondrien" angesprochenen Partikel intra vitam eine starke Lichtbrechung aufweisen und sich schon in bezug auf diese Eigenschaft charakteristisch von „echten" Chondriosomen unterscheiden und nahm diese irr-

tümliche Bezeichnung von Zellpartikeln zum Anlaß, die Nadireaktion und
Berberinspeicherung an einem Objekt durchzuführen, bei dem eine Unter-
scheidung der Chondriosomen von Sphärosomen und anderen möglichen
Partikeln leicht möglich war, die *Allium*-Epidermis. Die Analyse ergab,
daß sich stark lichtbrechende Zellpartikel, nämlich Sphärosomen, anfärben,
in keinem Falle jedoch Chondriosomen. Durch Bautz (1956) sind diese
Einwände am ursprünglichen Objekt — der Hefezelle — bestätigt worden.
Durch die sorgfältige Anwendung klassischer cytologischer Methoden
(Färbung nach Regaud und Altmann), die vergleichende Vitalfärbung
(Janusgrün B) und die Lebendanalyse ungefärbter Hefezellen im Phasen-
kontrastmikroskop kommt Bautz zu dem Schluß, daß es zwei verschiedene
Sorten von Plasmapartikeln gibt: schwach lichtbrechende Chondriosomen,

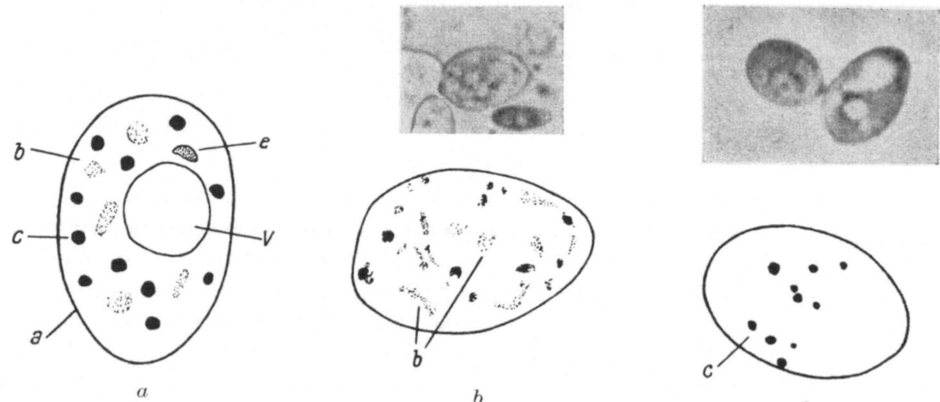

Abb. 7. Die cytologische Organisation der Hefezelle (Bautz 1956).

Abb. 7a. Schema einer intakten, lebenden Hefezelle. a = Zellmembran, b = Chondriosomen (Mitochondrien),
c = Sphärosomen, e = Zellkern, V = Vakuole.

Abb. 7b. *Saccharomyces cerevisiae*, lebend im Phasenkontrast (mit Schema). b = Chondriosomen (Mitochondrien).
Abb. 7c. *Saccharomyces cerevisiae*, lebend im Phasenkontrast (mit Schema). c = Sphärosomen.

welche außerordentlich labil sind, und relativ stabile, stark lichtbrechende
Sphärosomen (vgl. Abb. 7 a, b, c).

   In Übereinstimmung zu den cytomorphologischen Verhältnissen bei
höheren Pflanzen lassen sich auch bei den C-heterotrophen Pilzen neben
typischen Chondriosomen stark lichtbrechende Granula nachweisen, welche
als Sphärosomen oder indifferent als Granula bezeichnet werden. Die
außerordentliche Schwierigkeit der cytomorphologischen Kennzeichnung
der letzteren dürfte darin liegen, daß Pilze recht häufig auch Reservestoffe
verschiedenster Art speichern (Fett, Lipoide, Metaphosphate u. ä.), welche
einen ähnlichen Aspekt bei der lichtmikroskopischen Beobachtung zeigen
wie die vermutlichen Sphärosomen. Es dürfte aber nach den bisher vorliegenden Befunden keine Veranlassung bestehen, Sphärosomen als Bestandteile des Protoplasten von Pilzen abzulehnen. Schon die Befunde von
Girbardt (1955 a und b) zeigen, daß sich etwa 0,4 μ große, stark lichtbrechende Granula aktiv an der Bildung der Querwand beteiligen. Wenn
Girbardt vermutet, daß sie als „Steuerungszentren" eingeschaltet werden,

ist nicht anzunehmen, daß diese 0,4 μ großen Granula „Reservefetttropfen" darstellen. Aus den verschiedenen Arbeiten von BAUTZ (1954 a, b, 1955 d) und MARQUARDT und BAUTZ (1953, 1954, 1955) geht hervor, daß zwischen den mit Altmannfärbung nachweisbaren Sphärosomen (den nadipositiven Grana mit Mitochondrienfunktion) und der Größe der Hefezelle positive Korrelationen bestehen, daß knospende Hefen eine größere Anzahl besitzen als sich nichtteilende und daß sie bei der Zellteilung und Sporulation zum Teil weitergegeben werden bzw. auf die vier Sporen verteilt werden. Allerdings hat BAUTZ eine aktive Beteiligung von Sphärosomen am Atmungsgeschehen nicht nachweisen können (vgl. BAUTZ 1955 c, 1956). Nachdem durch die cytologische Analyse der Mitochondrienfraktion eines Hefehomogenats der Nachweis erbracht worden ist, daß diese cytologisch nicht rein ist, müssen weitere Untersuchungen zu diesem Punkt abgewartet werden (vgl. S. 50).

In diesem Zusammenhang ist ferner noch auf eine irrtümliche Beurteilung gefärbter Partikel nach Benzpyrenspeicherung hinzuweisen, auf die bereits STEINHOFF (1956) aufmerksam macht. GRAFFI (1939, 1940) fand bei tierischen Zellen und Pilzen eine elektive Benzpyrenspeicherung in stark lichtbrechenden Granula, die er als Mitochondrien bezeichnet : „An Mäusecarcinomzellen verglichen wir das fluosreszenzmikroskopische Bild nach erfolgter Benzpyrenspeicherung mit dem Dunkelfeldbild. Es ergab sich dabei, daß sämtliche im Dunkelfeld aufleuchtenden kleinen Zellgranula auch bei lumineszenzmikroskopischer Betrachtung hell fluoreszierten, also elektive Benzpyrenspeicherung aufwiesen" (vgl. GRAFFI 1939, S. 494). Auch von HILWIG und SCHMITZ (1951) und SCHMITZ (1951) werden in ähnlicher Weise stark lichtbrechende Partikel als Mitochondrien angesprochen. Es ist offensichtlich, daß es sich bei den fluorochromierten Partikeln nicht um Chondriosomen, sondern um Sphärosomen bzw. ähnliche Granula handelt (vgl. auch DRAWERT 1955). In der Biochemie hat aber dieser Befund zu dem Irrtum geführt, daß zwischen biochemischer Leistung im Homogenat und der cytochemischen Reaktion Übereinstimmung besteht. Wie CHESSIN (1951) in einem Referat über die Entstehung von Tumoren ausführt, deckt sich mit dem Ergebnis der biochemischen Analyse die Tatsache der Affinität von Mitochondrien zu kanzerogenen Stoffen, wobei ausdrücklich auf die Befunde von GRAFFI hingewiesen wird.

Noch ungeklärt erscheint dagegen das Problem der cytologischen Kennzeichnung der im Bakterienleib nachweisbaren granulären Strukturen. Eine Reihe von Autoren bezeichnen — ähnlich wie es bei der Analyse der Hefe gemacht worden ist — die mit dem Nadi- und TTC-Reagens anfärbbaren „Granula" als Mitochondrien bzw. Mitochondrienäquivalente (vgl. zusammenfassende Literatur bei BAUTZ 1955 e). Wenn auch die Natur des Zellkerns bei Bakterien (bzw. des Nukleoids nach PIEKARSKI) nach den letzten Befunden geklärt erscheint (vgl. PIEKARSKI 1952; MARQUARDT 1954), trifft dies für die anderen Granula noch nicht zu. Auch das Elektronenmikroskop hat noch keine Klärung bringen können, ob die Bakterienzelle im Gegensatz zu der höherer Pflanzen und Pilze tatsächlich allein Chondriosomen (bzw. Äquivalente) enthält oder ob auch hier noch Sphärosomen bzw. Äquivalente vorhanden sind. Bautz (1955 e) bemerkt zu diesem Problem, daß die Literaturbefunde sehr an die Ergebnisse an Hefen erinnern: „Denn auch bei den Hefen werden Plasmagranula der gleichen Farbreaktionen wegen zunächst als Mitochondrien bezeichnet, die später als Sphärosomen identifiziert werden mußten." Insofern kann auch das Schema der Eigenschaften von „Mitochondrien" und „Granula", welches Krüger-Thiemer (1954) gibt, noch nicht befriedigen und als endgültig betrachtet werden (vgl. S. 31).

Zusammenfassend ergibt sich auf Grund der vorliegenden cytomorphologischen Untersuchungen an Zellen höherer und niederer Pflanzen die eindeutige Feststellung, daß außer Zellkern und Plastiden regelmäßig Chondriosomen und stärker lichtbrechende Sphärosomen nachweisbar gewesen sind. Chondriosomen und Sphärosomen unterscheiden sich intra vitam so charakteristisch voneinander, daß eine Identifizierung keine Schwierigkeit bereitet. Die lichtoptischen Eigenschaften erlauben dagegen nicht immer eine eindeutige Unterscheidung persistierender Sphärosomen von nur ephemeren Fett- oder Lipoidtropfen, welche reine Ausscheidungen des Cytoplasmas sind. Die heute vorliegenden Ergebnisse rechtfertigen auch, den indifferenten Terminus „Mikrosomen" im Sinne von Hanstein zu verlassen und durch den auf Dangeard (1919) zurückgehenden Begriff „Sphärosomen" zu ersetzen.

b) Das Verhalten der Sphärosomen bei Fixation und Färbung

Nachdem durch die Lebendanalyse der Nachweis erbracht werden konnte, daß sich Sphärosomen intra vitam eindeutig von Chondriosomen bzw. Plastiden unterscheiden lassen, ist die Frage zu prüfen, in welcher Weise die bei Fixation und Färbung auftretenden Unterschiede eine einwandfreie cytologische Kennzeichnung dieser Organelle erlauben. Auf Fixations- und Färbemethoden kann bei der cytomorphologischen Identifizierung von Zellorganellen nicht verzichtet werden, da sie in vielen Fällen — meist in Verbindung mit der Mikrotomtechnik — erst eine lichtmikroskopische Analyse von Zellen und Geweben zulassen. Das Fixationsverhalten ist aber auch für cytochemische Untersuchungen von Interesse, nachdem diese Methoden in neuerer Zeit in Verbindung mit enzymatischer Verdauung (z. B. Nucleasen u. ä.) zum Nachweis von bestimmten Stoffgruppen verwendet werden. Schließlich spielt die Fixation bei der elektronenmikroskopischen Analyse eine wesentliche Rolle.

Wie bereits vorher erwähnt wurde (vgl. S. 2), ist den klassischen Fixations- und Färbemethoden die Entdeckung der Chondriosomen (Mitochondrien) zu verdanken, wobei auf die Methoden von Altmann, Meves, Benda, Regaud, Lewitzki u. a. hinzuweisen ist, welche auch heute noch nach Romeis (1948) eine bedeutende Rolle in der Cytologie spielen. Erst in neuerer Zeit hat sich im Zusammenhang mit der Lebendanalyse herausgestellt, daß die sogenannten „méthodes mitochondriales" nicht nur allein Chondriosomen anfärben, sondern auch Proplastiden, Leukoplasten und Sphärosomen (vgl. Strugger 1954 a, b; Perner 1953, 1954: Bautz 1955 b). Sie reichen daher zur exakten Identifizierung nicht aus und haben zu Irrtümern Veranlassung gegeben. So konnte STRUGGER (1950, 1951, 1954 a, b) im Sinne der SCHIMPERschen Kontinuitätslehre lichtmikroskopisch durch vergleichende Analysen am lebenden und fixierten Objekt belegen, daß es Proplastiden gibt, aus denen sich ontogenetisch Chloroplasten entwickeln, was in letzter Zeit auch elektronenmikroskopisch bestätigt werden konnte (STRUGGER und PERNER 1956, PERNER 1957 a). Die von GUILLIERMOND aufgestellte Hypothese der Entstehung von Plastiden aus „chrondriosomes actives" ist damit widerlegt. Sie erklärt sich aus der Tatsache, daß die dazu verwendeten „méthodes mitochondriales" das für Proplastiden charakteristische Primärgranum nicht einwandfrei fixieren und anfärben. Nach den Befunden

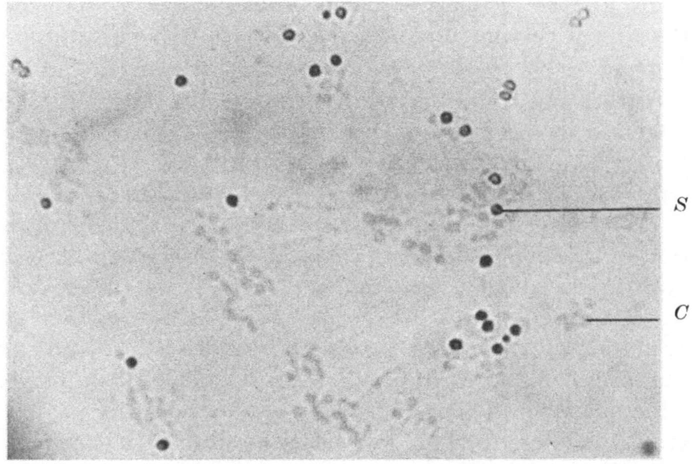

Abb. 8. *Allium*-Epidermiszelle nach Fixation in 2% Osmiumsäure ohne weitere Färbung.
S = Sphärosomen, C = Chondriosomen (Mitochondrien).

von PERNER (1952 a, 1953, 1954 b) färben sich aber auch Sphärosomen an, und das für Leukoplasten häufig typische Primärgranum läßt sich erst nach Modifizierung dieser Methoden am fixierten Material erkennen. Schließlich zeigt auch BAUTZ (1955 b, 1956), daß bei Pilzen diese Methoden versagen.

Analog den bei Lebendbeobachtungen festgestellten Unterschieden zwischen Chondriosomen und Sphärosomen ist ihr Verhalten auch bei Fixation und Färbung verschieden. Bei *Allium*-Epidermen bleiben Sphärosomen nach Fixation mit den üblichen chemischen Fixierungsmitteln und nach Gefriertrocknung mehr oder weniger gut erhalten. Die lichtmikroskopische Kontrolle zeigt einen unterschiedlichen Erhaltungszustand der Sphärosomen, wobei eine Schrumpfung, Fältelung oder Aufquellung festzustellen ist. Lipoiderhaltende Fixationsmittel sind besser geeignet als lipoidzerstörende Chemikalien. Mit Formol (4%, neutralisiert), den Gemischen nach CHAMPY, REGAUD, LEWITZKI, FLEMMING u. a. sowie mit reiner Osmiumsäure (2%) sind Sphärosomen am besten erhalten (vgl. Abb. 8). Insofern gleichen sie Chondriosomen bzw. Plastiden. Bei Fixation mit Osmiumsäure oder osmiumsäurehaltigen Gemischen sind Sphärosomen stets stärker gebräunt bzw. geschwärzt als Chondriosomen, wobei eine optimale Fixationsdauer vorausgesetzt wird. Bei zu langer Fixation mit Osmiumsäure verändern sich die vorher ideal kugeligen Sphärosomen zu unregelmäßig geformten Gebilden, wahrscheinlich infolge struktureller und stofflicher Veränderung unter dem Einfluß der Reduktion von Osmiumsäure (vgl. Porter und Kallman 1953). Die stärkere Schwärzung der Sphärosomen gegenüber der verhältnismäßig geringen Bräunung von Chondriosomen spricht dafür, daß Sphärosomen reich sind an solchen Stoffen, welche Osmiumsäure zu reduzieren vermögen. Nach den Untersuchungen von Bahr (1954) an zahlreichen Modellsubstanzen kommen Fette. Lecithin und andere Stoffe mit ähnlichem Charakter in Frage, die Doppelbindungen in ungesättigten Systemen besitzen. Aber auch physiologisch wichtige Peptide, Proteine und Enzyme mit Sulfhydrilgruppen vermögen Osmiumsäure in starkem Maße zu reduzieren.

Bei der Anfärbung fixierter *Allium*-Epidermen versagen eine Reihe von Methoden, welche in der Cytologie zum Nachweis von Chondriosomen verwendet werden (z. B. basische Farbstoffe, vgl. Romeis 1948 u. a.). So konnte mit Viktoriablau, Pyronin, Rosanilin u. a. keine Anfärbung der Sphärosomen am fixierten und nicht durch Alkohol bzw. Xylol behandelten Präparat erzielt werden. Auf Grund der lipoiden Natur lassen sich Sphärosomen jedoch leicht mit verschiedenen Fettfarbstoffen — Sudanschwarz, Sudan III, Indophenolblau, Phosphin 3 R, Nilblausulfat — anfärben. Dieses Verhalten dürfte Guilliermond (1921 a, 1923) und seine Schule (vgl. Guilliermond, Mangenot und Plantefol 1933) dazu bewogen haben, diese Gebilde im Cytoplasma von Zellen höherer und niederer Pflanzen als fettartige Ausscheidungen zu bezeichnen. In Übereinstimmung zu A. Meyer (1920) werden die granulations lipoidiques nach Guilliermond zu den ergastischen Bildungen des Cytoplasmas gezählt. Dafür spricht zweifellos auch das Aussehen in vivo und nach Guilliermond auch der Befund, daß sich diese Gebilde bei Behandlung fixierter Zellen mit Fett- oder Lipoidlösungsmitteln auflösen lassen, ohne daß ein lichtmikroskopisch erkennbarer Rückstand übrigbleibt.

Verschiedene Argumente auf Grund der Lebendanalyse (vgl. Dangeard 1947) sprechen jedoch gegen diese Auffassung, so daß eine Überprüfung notwendig erschien. Ebenso ist die Frage zu prüfen, ob die an fixierten Schnittpräparaten (nach Behandlung mit der Alkoholreihe und Xylol) neben Plastiden (Leukoplasten) und stäbchen- oder fadenförmigen Chondriosomen immer feststellbaren kugeligen Gebilde ausnahmslos kugelige Chondriosomen sind, wie man es annimmt. Werden mit Osmiumsäure fixierte *Allium*-Epidermen unter lichtmikroskopischer Kontrolle durch die Alkoholreihe und 24 Stunden hindurch mit Xylol behandelt, sind immer noch Sphärosomen nachweisbar. Es bleibt ein Restkörper zurück, welcher nur noch schwach bräunlich erscheint, der sich mit Sudanschwarz nicht mehr anfärben läßt, aber mit einer Reihe basischer Farbstoffe (Viktoriablau. Pyronin u. a.) sichtbar gemacht werden kann. Diese färben gleichzeitig auch Chondriosomen und Plastiden, so daß eine Unterscheidung kugeliger (fragmentierter) Chondriosomen von Sphärosomen nicht mehr möglich ist.

Wie Abb. 9 zeigt, kann man nach abgekürzter Extraktion mit Lipoidlösungsmitteln (6 bis 12 Stunden) und anschließender Färbung jedoch erreichen, daß Sphärosomen und Chondriosomen sich im Färbungsgrad unterscheiden.

Die Intensität der Farbstoffbindung vermindert sich, wenn die fixierten Zellen nach Lipoidextraktion noch einer Behandlung mit Trichloressigsäure ausgesetzt werden. Danach dürfte es sicher sein, daß Sphärosomen nicht ausschließlich aus Fetten bzw. Lipoiden bestehen. Es läßt sich vielmehr mit basischen Farbstoffen eine stoffliche Komponente nachweisen, welche proteidartiger Natur sein dürfte.

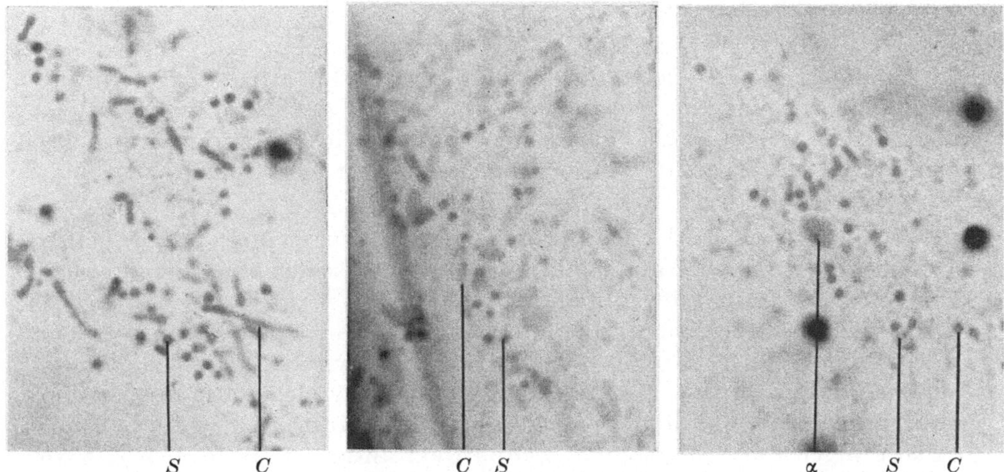

Abb. 9. *Allium*-Epidermiszellen nach Fixation in 2% Osmiumsäure, 6 bis 12stündiger Extraktion mit Xylol und Färbung mit Säurefuchsin (Viktoriablau u. ä.). Leukoplasten (*L*), Chondriosomen (*C*) und Sphärosomen (*S*) lassen sich voneinander unterscheiden.

Nachdem über die Histochemie der Fette und Lipoide in pflanzlichen Zellen keine näheren Untersuchungen vorliegen (vgl. LENNERT 1955 [1]), lassen sich heute keine Angaben über die Zusammensetzung der lipiden Komponente in Sphärosomen und Chondriosomen machen. Bei der Anfärbung von fixierten *Allium*-Epidermen mit verschiedenen Fett- und Lipoidfarbstoffen (Sudanschwarz, Phosphin 3 R, Rhodamin B, Nilblausulfat) binden Chondriosomen und Sphärosomen diese Farbstoffe in verschiedener Weise:

	Sphärosomen	Chondriosomen
Sudanschwarz	+ + +	+ +
Phosphin 3 R	+ + +	+
Rhodamin B	+	+ + +
Nilblausulfat	+ (rötlich)	+ + +

[1] Im Sinne von LENNERT (1955) wird für Fette und Lipoide der Ausdruck Lipide verwendet.

wie es Untersuchungen von Perner (1953) gezeigt haben. Geht der Lipoidextraktion eine Behandlung mit kaltem Aceton voraus, so verändert sich
das Färbungsverhalten der Sphärosomen und Chondriosomen in der folgenden Weise:

	Sudanschwarz	Rhodamin B
Kontrolle, ohne Extraktion	+ + +	+
Nach 24 Std. Extraktion (Xylol)	±	±
Bei Acetonbehandlung (kalt) und anschließender Lipoidextraktion	+ +	+ +

Die Sphärosomen sind jetzt nicht mehr diffus gefärbt, sondern bei Ein-
stellung auf den größten Durchmesser nur noch in den randlichen Partien.
Sphärosomen wie auch Chondriosomen enthalten demnach Lipide, welche
durch kaltes Aceton gefällt werden und dann nicht mehr durch Xylol u. a.
extrahierbar sind.

Bei Pilzen sind nach den Befunden von Guilliermond (1923) neben
Chondriosomen nach Fixation und Färbung auch sogenannte metachroma-
tische Körper, granulations lipoidiques, Fetttropfen u. ä. mit Hilfe von
Methylenblau, Toluidinblau, Sudanfarbstoffen u. ä. nachgewiesen worden.
In letzter Zeit hat Bautz (1955 b, 1956) die Hyphen von *Penicillium,
Neurospora, Aspergillus, Psalliota* und *Collybia* cytologisch nach Fixation
näher untersucht und findet, daß sich in Übereinstimmung zu Lebendbeobachtungen zwei verschiedene Zellpartikel anfärben lassen. Die in vivo
stark lichtbrechenden Sphärosomen (positiv bei Nadireaktion, intra vitam
mit Janusgrün färbbar, Formazan speichernd) färben sich nach Fixation
mit Kaliumbichromat-Formol mit Säurefuchsin nach Altmann (vgl. Romeis
1948) an. Wie Bautz betont, sind dabei lediglich runde und auch deutlich
weniger Plasmapartikel sichtbar. Mit der Mitochondrienfärbemethode
nach Regaud (Eisenhämatoxylin nach Beizung mit Eisenalaun) lassen sich
Zellkern, Chondriosomen und ebenfalls die „kleinen runden Granula" anfärben, welche mit Säurefuchsin nach Altmann sichtbar sind. Es sind jetzt
eine größere Anzahl von Partikeln gefärbt.

Die cytologische Analyse der in Bakterien vorhandenen Granula mit
Hilfe von Fixation und Färbung hat jedoch noch nicht zu übereinstimmen-
den Ergebnissen geführt (vgl. Bautz 1955 e). Da bislang bei der außer-
ordentlichen Kleinheit dieser Granula lichtmikroskopisch weder durch die
Lebendanalyse noch durch Vitalfärbung oder andere Methoden eine Ab-
klärung der vorliegenden Ergebnisse möglich war, dürfte dem Elektronenmikroskop eine besondere Bedeutung zukommen. Krüger-Thiemer und
Lembke (1954) vertreten allerdings die Ansicht, daß sich auf dem Sympo-
sium über Bakteriencytologie in Rom 1953 eine Annäherung der An-
schauungen ergeben hätte. Sie geben die folgende Tabelle über die Darstellungsmethoden und Eigenschaften von Mitochondrien und Granula bei
Mycobakterien und anderen Mikroorganismen an.

Tabelle 2. *Darstellungsmethoden und Eigenschaften von Mitochondrien und Granula bei Mycobakterien und anderen Mikroorganismen nach* KRÜGER-THIEMER *(1954). (Übernommen von* STEFFEN *1955.)*

	Mitochondrien		Granula	
	nativ	fixiert	nativ	fixiert
Hellfeldbild (ungefärbt)	stark lichtbrechende Körper			
Phasenkontrastbild	dunkle Körper			
Ultraviolettbild (260 mμ)	starke Absorption		Absorption unsicher (fehlt bei reinen Metaphosphatgranula)	
Elektronenmikroskopisches Bild	schwache bis mittlere Elektronenstreuung, unscharf begrenzt		starke Elektronenstreuung, scharf begrenzt	
Wirkung schwacher Elektronenbestrahlung (5—10 μÅ)	langsame, formbeständige Verkohlung		keine wesentliche Veränderung	
Wirkung starker Elektronenbestrahlung (über 30 μÅ)	schnelle, formbeständige Verkohlung		Schmelzen und Verdampfen mit Rückstand (Ringe oder wabige Strukturen)	
Dichte nach Vakuumtrocknung und formbeständiger Verkohlung	$0,8 \pm 0,2$ g/cm^3 (wie übriges Cytoplasma)		$1,3 \pm 0,2$ g/cm^3	
Vorkommen, Form und Konsistenz	regelmäßig, in lebenden Zellen, rundlich, gelartig		nährbodenabhängig, ziemlich starre Kugeln oder Ellipsoide, manchmal eingedellt	
Membran	nicht bewiesen		unwahrscheinlich	
Bestandteile	Enzymeiweiß, Nucleinsäuren, Phospholipoide		Polymetaphosphate, Nucleinsäure(?)	
Löslichkeit in heißem Wasser und schwachen organischen Säuren			gut löslich	
Toluidinblau	—		—	metachromatisch
Gealtertes Methylenblau	—		—	rötlich
Neisser-Färbung	—		—	blauschwarz
Schwermetallfärbungen	—	—	—	+
Nadireaktion	+	±	—	—
Janusgrün-B-Färbung	+	—	—	—
Tetrazoliumchlorid-Reduktion	+	±	—	—
Kaliumtelluritreduktion	+	—	—	—
Fast-Green-Anilin	—	+	—	—
Säure-Hämatin	—	+		
Sudanschwarz-3-Zitrat	—	+		
	lebend	fixiert	lebend	fixiert

Beim Vergleich dieser Tabelle mit den in letzter Zeit bei Pilzen (Hefe) erzielten Befunden (vgl. Bautz 1955 b, c, 1956) kann man allerdings den von Krüger-Thiemer (1954) in bezug auf die Identifizierung von „Mitochondrien" geäußerten Optimismus nicht teilen. Es werden eine Reihe von Reaktionen angeführt (z. B. Nadireaktion, Formazanspeicherung u. a.), von denen bekanntgeworden ist, daß ein positiver Verlauf bei Pilzen und höheren Pflanzen Chondriosomen nicht zu kennzeichnen vermag. Es wird weiteren Untersuchungen vorbehalten bleiben, die Frage zu prüfen, ob alle persistierenden „Granula" der Bakterienzelle ausnahmslos Mitochondrien (Chondriosomen) oder Äquivalente sind oder ob sich auch Sphärosomen nachweisen lassen, wie es im übrigen Pflanzenreich der Fall ist. Im Hinblick auf die gegenwärtig lebhaft diskutierte Frage, ob sich die Bakterienzelle grundsätzlich von der höherer Pflanzen unterscheidet oder ob sie auch über einen Kern und Chondriosomen verfügt, wären solche Untersuchungen dringend erwünscht.

Zusammenfassend läßt sich sagen, daß die Methode der Fixation und Färbung im klassischen Sinne auch heute noch einen unbedingten Wert für die Kennzeichnung von Zellbestandteilen hat. Jedoch ist eine parallele Lebendanalyse und eine kritische Überprüfung dieser Methoden zu fordern. In einem solchen Fall sind auch in fixierten Zellen Sphärosomen als persistierende Bestandteile des Protoplasten neben Chondriosomen nachzuweisen gewesen, wobei charakteristische Unterschiede bei der Kennzeichnung wertvoll sein dürften.

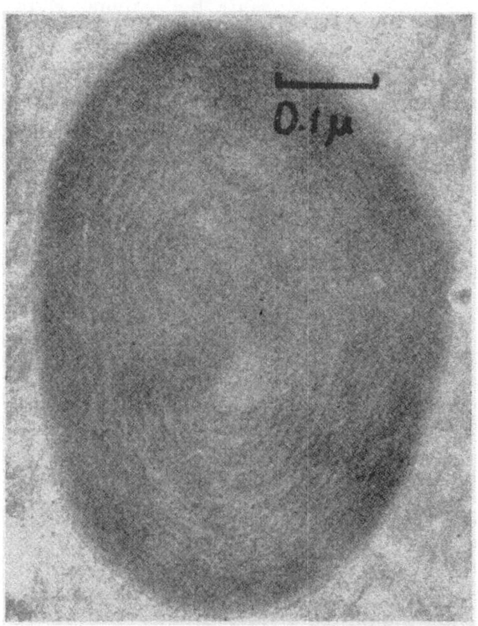

Abb. 10. Ein „opaque granule" aus der Mausniere im elektronenmikroskopischen Bild eines Ultradünnschnitts. (Rhodin 1954.)

c) Die Sphärosomen im elektronenmikroskopischen Bild

Die vergleichende lichtmikroskopische Analyse der Pflanzenzelle hat ergeben, daß entgegen der klassischen Ansicht, wie sie von Guilliermond (1921, 1923) u. a. vertreten worden ist, Sphärosomen regelmäßig neben Chondriosomen und Plastiden nachweisbar gewesen sind. Aus dem Färbungsverhalten geht weiterhin hervor, daß Sphärosomen nicht allein aus Lipiden aufgebaut sein können, sondern daß auch die Beteiligung von Proteiden wahrscheinlich geworden ist. Wenn damit die Vermutung ausgesprochen wird, daß Sphärosomen plasmatisch organisiert sein müßten, ist der Nachweis einer inneren Ordnung, einer Feinstruktur im makromolekülen Bereich zu erbringen. Lichtmikroskopisch kann diese Frage nicht geklärt werden, wenn auch im Polarisationsmikroskop eine Doppelbrechung der Sphärosomen nachweisbar gewesen ist (vgl. Sorokin 1955). Der Charakter dieser Doppelbrechung, ob es sich um Eigendoppelbrechung der Lipoide oder um Formdoppelbrechung handelt, ist noch nicht näher untersucht worden.

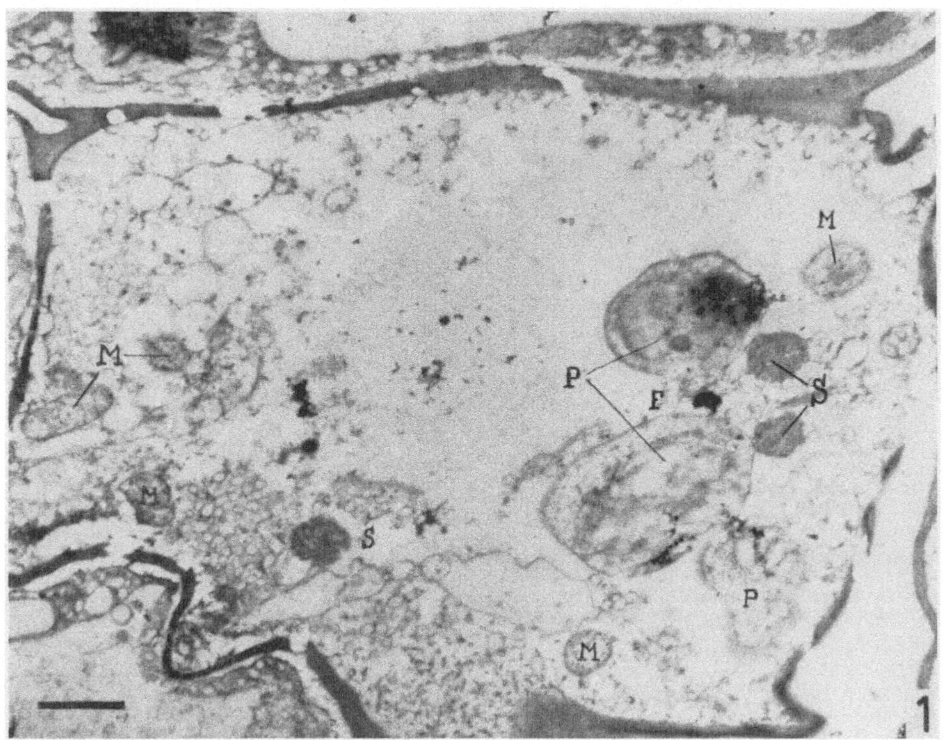

Abb. 11. Blattzelle von *Aspidistra elatior* mit Chondriosomen (*M*), Proplastiden (*P*), Sphärosomen (*S*) und Fetttropfen (*F*) im elektronenmikroskopischen Übersichtsbild eines Ultradünnschnitts.
(Mühlethaler 1956).

Hier versprechen elektronenmikroskopische Analysen an ultradünnen Schnitten eine Aufklärung dieses Problems, nachdem durch die lichtmikroskopischen Befunde der letzten Jahre hinreichende Kenntnisse über die Eigenschaften und das Verhalten der Sphärosomen vorliegen. Bei der heute allgemein verwendeten Fixation mit Osmiumsäure wird da besonderes Augenmerk auf stark elektronenstreuende Granula zu richten sein, nachdem bekannt ist, daß Sphärosomen sich besonders intensiv schwärzen und lichtmikroskopisch stets dunkler erscheinen als Chondriosomen. Dazu kommt weiterhin, daß die Feinstruktur der Chondriosomen so spezifisch ist, daß eine Verwechslung mit Chondriosomen auszuschließen sein dürfte.

Schon Rhodin (1954) macht bei einer detaillierten elektronenmikroskopischen Analyse der Mäuseniere auf sogenannte „big granules" und

„opaque granules" aufmerksam. Sie sind in keinem Falle mit Mitochondrien identisch, von denen sie sich durch die starke Elektronenstreuung und eine spezifische Innenstruktur deutlich unterscheiden (vgl. Abb. 10). Mit einer Größenordnung von 0,4 bis 1,5 μ liegen sie noch im lichtmikroskopischen Bereich. Leider sind keine vergleichenden lichtmikroskopischen Untersuchungen zum Zwecke der Identifizierung dieser „Granula" durchgeführt worden. Bei Fixation um 0^0 C zeigen „opaque granules" ein kompliziertes Lamellensystem, welches aus konzentrisch angeordneten Ringen zu bestehen scheint.

Aber auch bei der elektronenmikroskopischen Analyse von Pflanzenzellen sind kugelige Gebilde in der Größenordnung von Sphärosomen aufgefunden, die allerdings nicht identifiziert wurden. So spricht Leyon (1954) von „dense bodies", welche er sowohl in jugendlichen Zellen von *Aspidistra*-Blättern als auch in ausgewachsenen Zellen findet: „which are also to be found, sometimes quite numerously, together with characteristic chloroplasts in older green leaves." Leyon stellt weiterhin

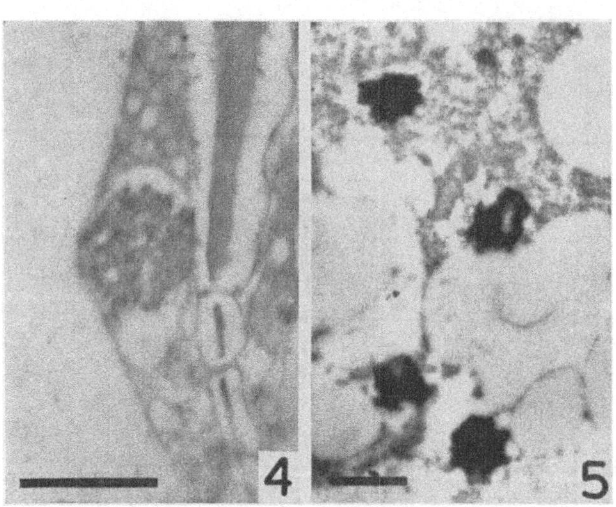

Abb. 12. Sphärosomen (linkes Bild) und Fetttropfen (rechtes Bild) aus Blattzellen von *Aspidistra elatior* im elektronenmikroskopischen Bild eines Ultradünnschnitts.
(Mühlethaler 1956.)

fest, daß diese „dense bodies" eine Innenstruktur aufweisen, „... what seems to be a net of anastomotic tubules".

Da Leyon auf eine lichtmikroskopische Analyse verzichtet hat, dürfte ihm die plasmatische Organisation dieses Objektes nicht in ausreichendem Maße bekannt gewesen sein, so daß es ihm nicht möglich war, die Natur dieser „dense bodies" aufzuklären. Daß es sich hier aller Wahrscheinlichkeit nach um Sphärosomen handeln muß, geht aus der Untersuchung von Mühlethaler (1956) am gleichen Objekt hervor.

An jungen Blattzellen von *Aspidistra elatior* u. a. hat Mühlethaler zum erstenmal alle perisistierenden Organelle des pflanzlichen Protoplasten elektronenmikroskopisch darstellen können. Wie Abb. 12 zeigt, sind neben Proplastiden (P) und Chondriosomen (M) auch mehrere stark elektronenstreuende, rundliche Partikel gleichartiger Größe zu erkennen, welche von Mühlethaler in Übereinstimmung zu den cytomorphologischen Befunden von Perner als Sphärosomen (S) bezeichnet wurden. Beim Vergleich mit lichtmikroskopischen Bildern besteht kein Zweifel darüber, daß es sich hier tatsächlich um Sphärosomen handelt. Dafür spricht die unterschiedliche Darstellung von offensichtlichen Lipoidtropfen (*F*), welche sich demnach deutlich von Sphärosomen im elektronenmikroskopischen Bild unterscheiden (vgl. Abb. 11 und Abb. 12).

Nach den Angaben von MÜHLETHALER (1955) zeigen Sphärosomen eine komplizierte Innenstruktur, deren Bauplan noch nicht abgeklärt ist (vgl. Abb. 13). MÜHLETHALER (1955) kommt nach diesen Befunden zu der bereits früher von PERNER (1952, 1953) auf Grund lichtmikroskopischer Untersuchungen diskutierten Auffassung, daß Sphärosomen nicht Fetttropfen paraplasmatischer Natur sein können, nachdem für sie eine spezifische Feinstruktur nachweisbar ist, welche

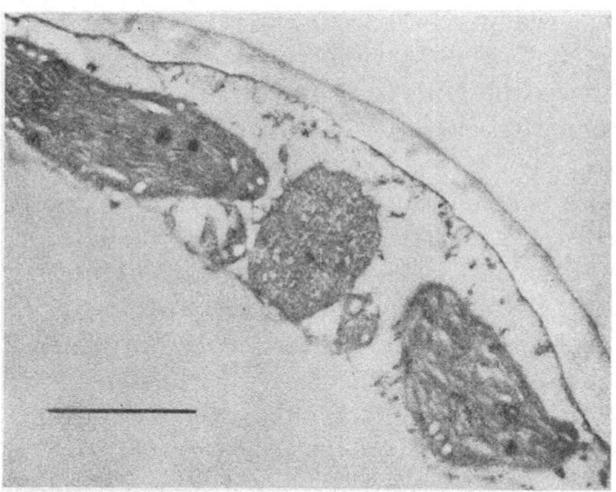

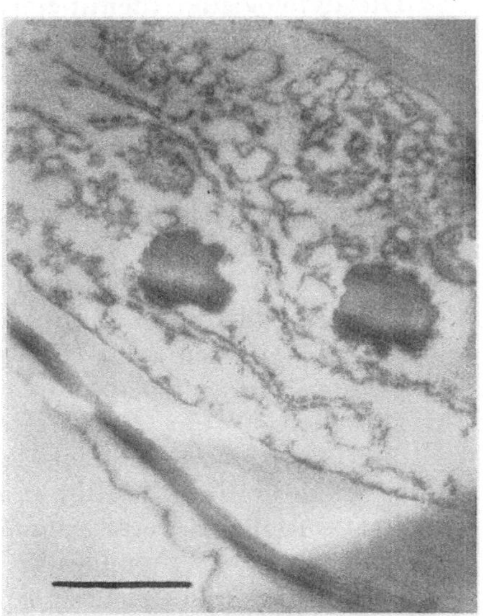

Abb. 13. Sphärosom aus der Epidermis eines älteren Blattes von *Chlorophytum comosum* im elektronenmikroskopischen Bild eines Ultradünnschnitts (Primärvergrößerung 16.500-fach). Sowohl von Chloroplasten als auch von Chondriosomen im Feinbau zu unterscheiden, weisen Sphärosomen eine dichte, stark elektronenstreuende und noch nicht näher bekannte Innenstruktur auf.

Abb. 14. Fetttropfen in einer älteren Blattzelle von *Chlorophytum comosum* im elektronenmikroskopischen Bild eines Ultradünnschnitts. Im Gegensatz zu Sphärosomen (vgl. Abb. 13) weisen Fetttropfen bei hoher Osmiophilie keine elektronenmikroskopisch auflösbare Feinstruktur auf. Ihre Form ist außerdem variabel.

offensichtlichen Fetttropfen fehlt. Die letzteren sind elektronenmikroskopisch strukturlos und erscheinen durch die starke Ablagerung von Osmiumsäureniederschlägen undurchstrahlbar (vgl. Abb. 14).

III. Das zellphysiologische Verhalten der Sphärosomen in der lebenden, intakten Pflanzenzelle unter Berücksichtigung der vermutlichen Organellnatur

Die cytomorphologische Analyse lebender und fixierter Pflanzenzellen mit Hilfe dafür geeigneter Methoden hat ausnahmslos gezeigt, daß sich die im Cytoplasma vorhandenen, nach allen Erfahrungen persistierenden „Cytoplasmapartikel" charakteristisch voneinander unterscheiden und damit identifizieren lassen. Nach dem Schema in Abb. 1 und 5 müssen demnach Kern, Plastiden, Chondriosomen und Sphärosomen unterschieden werden, wenn das zellphysiologische Verhalten und die biochemische

Leistung von strukturierten Zellbestandteilen näher untersucht werden soll. Es kann cytologisch nicht befriedigen, wenn im Schrifttum bei der Untersuchung von funktionellen Leistungen einzelner Zellbestandteile Termini verwendet werden, welche den cytomorphologischen Verhältnissen der intakten und lebenden Zelle nicht gerecht werden. Damit ist die Verwendung von Begriffen wie große und kleine Zellpartikel, Zellgranula, big granules, Cytoplasmagranula u. a. abzulehnen, da sie nichts über die cytologische Natur der zu untersuchenden „Zellbestandteile" aussagen.

Die cytologische Identifizierung der Zellbestandteile stellt bei höheren Pflanzen und auch bei Pilzen kein unüberwindliches Problem dar, wenn außer der Lebendanalyse mit Hilfe von Hellfeld-, Dunkelfeld- und Phasenkontrastmikroskop Fixations- und Färbemethoden sowie das Elektronenmikroskop vergleichend verwendet werden. Noch ungeklärt erscheint dagegen die cytologische Einordnung der in Bakterien vorhandenen „Granula", da entsprechende cytomorphologische Untersuchungen, die bei Pilzen (besonders bei Hefe) zur Aufklärung des ebenfalls schwierigen Problems geführt haben, noch nicht vorliegen.

Damit sind die Voraussetzungen geschaffen, mit Hilfe cytophysiologischer Methoden auch die spezifischen Funktionen und das Verhalten von Sphärosomen neben Chondriosomen und Plastiden näher aufzuklären. Die in den letzten Jahren durchgeführten Untersuchungen auf diesem Gebiet haben unter der Zielsetzung gestanden, die Frage der vermutlichen Organellnatur dieser Zellbestandteile näher zu prüfen. Dabei lassen sich zwei grundsätzlich verschiedene Ansichten über die biologische Bedeutung der Sphärosomen erkennen:

1. Auf Grund der cytomorphologischen Befunde ist man geneigt, den Sphärosomen Organellcharakter zuzusprechen. Dem stofflichen und strukturellen Aufbau nach können sie nicht ergastische Stoffausscheidungen des Cytoplasmas darstellen, sie müssen vielmehr als Bauelemente der Zelle betrachtet werden, denen wahrscheinlich auch spezifische, heute allerdings noch unbekannte Funktionen zukommen (vgl. Perner 1952, 1953, 1954; Sorokin 1955; Bautz 1955, 1956; Girbardt 1955 a, b; Mühlethaler 1955).

2. Andere Autoren lehnen dagegen eine plasmatische Natur der Sphärosomen ab (vgl. Drawert 1952, 1953; Ziegler 1953 u. a.) und erklären ihr Verhalten in der lebenden Zelle — vor allem bei vitaler Fluorochromierung — mit dem zweifellos vorhandenen Lipoidreichtum dieser Gebilde. Im Sinne von A. Meyer (1920) werden Sphärosomen (Mikrosomen) als ergastische (paraplasmatische) Bildungen des Cytoplasmas betrachtet. Ein prinzipieller Unterschied wird zwischen Sphärosomen und offensichtlichen Fett- oder Lipoidtropfen nicht gemacht.

Diese gegensätzlichen Ansichten dürften sich aus der Tatsache erklären, daß die heute vorliegenden Kenntnisse über Sphärosomen noch gering sind, daß noch nicht alle dazu geeigneten Methoden kritisch eingesetzt und daß erst wenige Objekte in bezug auf ihre Sphärosomen näher analysiert worden sind.

Bereits im vorhergehenden Abschnitt ist darauf hingewiesen worden, daß das Verhalten von Plastiden, Chondriosomen und Sphärosomen unterschiedlich ist, wenn lebende Zellen verschiedensten experimentellen Bedingungen ausgesetzt werden. Im Zusammenhang mit der vermutlichen Persistenz (Organelle?) muß zunächst die Frage interessieren, ob Sphärosomen intra vitam durch besondere Eingriffe elektiv zum Verschwinden gebracht werden können, um unter anderen physiologischen Bedingungen erneut in Erscheinung zu treten. Stellen Sphärosomen im Sinne von GUILLIERMOND u. a. tatsächlich nur ausgeschiedene Reservestoffe dar, ist zu erwarten, daß sie unter schlechten Lebensbedingungen resorbiert, d. h. abgebaut werden, so daß ein Kleinerwerden und eine Verminderung in der Zahl lichtmikroskopisch festzustellen wäre. Es handelt sich um die Frage, ob es sphärosomenfreie Zellen gibt. Auf Grund der Untersuchungen von DANGEARD (1941, 1942, 1947 u. a.) ist dieses Problem auch für die nach allen bisherigen Erfahrungen persistierenden Chondriosomen noch nicht geklärt.

DANGEARD setzt Zellen dem Einfluß verdünnter Essig- oder Salzsäure aus und beobachtet nach einer gewissen Zeitspanne eine morphologische Degeneration der chondriosomalen Elemente in der Weise, daß sie blasig werden und schließlich zum Verschwinden kommen. Werden diese — nach Ansicht von DANGEARD noch lebenden Zellen — zu einem geeigneten Zeitpunkt wieder in ein günstiges Milieu (meist Brunnenwasser) überführt, kann DANGEARD nach einigen Stunden (bzw. nach einem Tag) normale Plasmaströmung und Chondriosomen gleicher morphologischer Ausbildung erkennen wie vor Beginn des Versuchs. DANGEARD nimmt an, daß Chondriosomen de novo aus dem Cytoplasma gebildet werden.

Diesem sehr weitreichenden Schluß kann aber nicht kritiklos zugestimmt werden. Es ist unwahrscheinlich, daß Organelle als Träger funktionell bedeutender Enzyme ein derartiges Verhalten zeigen und in dieser Weise entstehen (vgl. STRUGGER und PERNER 1956). Eine Nachprüfung dieser Versuche erschien weiterhin notwendig (vgl. PERNER 1954 a), nachdem die Beobachtungen DANGEARDS lediglich im Hellfeld durchgeführt wurden und photographische Belege fehlen. Wie aus dem folgenden Protokoll (DANGEARD 1942, S. 228—230) hervorgeht, sind die Beobachtungen auch nicht lückenlos durchgeführt worden: An Kürbishaaren, welche mit Essigsäure (1 : 1000) behandelt werden, ist die Degeneration der Chondriosomen vom Beginn des Versuchs (14.30 Uhr) bis um 18.30 Uhr lückenlos erfaßt. Um 17.15 Uhr hat das Cytoplasma (siehe Zeichnung Fig. 9 P) nach DANGEARD das folgende Aussehen: „... les chondriosomes cavulisés sont nombreux, mais leur visibilité s'est atténuée; toutes les mitochondries observées sont ainsi l'état des vésicules plus ou moins grosses; le fond cytoplasmatique tend à redevenir hyalin là ou il était modifié." Für den Zustand um 18.30 Uhr liegt keine Zeichnung vor. Über den Zustand der Chondriosomen macht DANGEARD folgende Aussage: „... les mitochondries cavulisés sont encore bien visibles, mais on note que plusieurs d'entre elles sont en voie de disparition par une sorte de « lyse » progressive." Nachdem die Zellen sich bereits seit 15.40 Uhr in gewöhnlichem Wasser befinden, sind demnach bis zu den letzten Beobachtungen um 18.30 Uhr immer noch Chondriosomen nachweisbar gewesen. Die nächste Beobachtung wird dann erst am folgenden Tag um 10.00 Uhr durchgeführt, wobei normale Plasmaströmung und der

folgende Zustand der Chondriosomen festgestellt wird: „... les mitochondries et les chondriosomes granuleuses et les chondriosomes en bâtonnets ou filamenteux se déplacent activement le long des fils cytoplasmiques." Nach diesen Befunden wird lediglich der Eindruck erweckt, daß
die in Degeneration befindlichen Chondriosomen ihre ursprüngliche Form
wiederhergestellt haben und nicht, daß im Sinne von Dangeard eine Regeneration aus dem Cytoplasma erfolgt sei: „Si l'on compare cet état du
cytoplasme aux observations faites la veille, il est impossible de ne pas
croire à une néoformation des mitochondries à la suite de la destruction
complète du stock chondriosomique ancien."

An epidermalen Zellen (*Allium cepa,* Schuppenblatt) konnten bei
kontinuierlicher Beobachtung der Häutchen im Phasenkontrastmikroskop (1/1000 *n* Salz-
säure als Versuchsmedium) nicht
die gleichen Erfahrungen gemacht werden, wie sie Dangeard für epidermale Haare von
Cucurbitaceen angibt. Haben
die Chondriosomen nach einem
kurzzeitigen Aufenthalt in verdünnter Salzsäure (bis zu 10 Minuten) lediglich eine Aufquellung erfahren (Sphärosomen
bleiben dabei unverändert), erfolgt noch eine Regeneration
des ursprünglichen Zustandes;
die Schädigung ist demnach re-
versibel (vgl. Abb. 15).

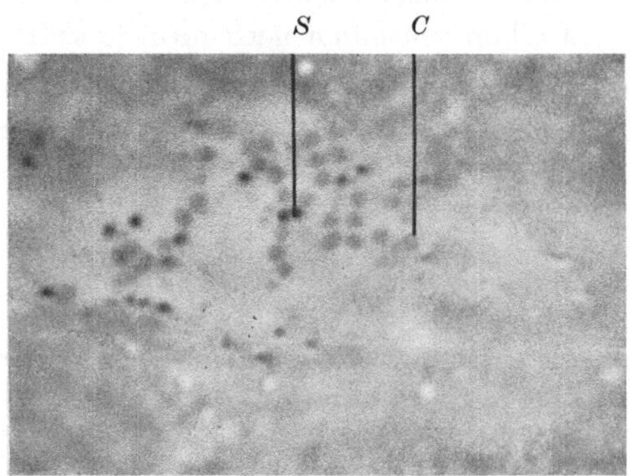

Abb. 15. Lebende *Allium*-Epidermiszelle nach 5 Min. langem
Aufenthalt in 1/1000 *n* Salzsäure. Es erfolgt eine Abkugelung
bzw. Fragmentation der Chondriosomen, verbunden mit
einer Volumenzunahme durch Quellung. Die Sphärosomen
bleiben unverändert. Nach Übertragen des Häutchens in
Leitungswasser erfolgt eine Regeneration zum ursprünglichen
Zustand.

Bei längerem Aufenthalt der Gewebe in verdünnter Salzsäure (länger
als 10 Min.) degenerieren die Chondriosomen zu blasigen Gebilden, die
Sphärosomen fließen zusammen und entziehen sich dem optischen Nachweis. Eine Regeneration des ursprünglichen Lebenszustandes ist bei derartigen morphologischen Veränderungen der Chondriosomen und Sphärosomen nicht mehr möglich. Die Zellen sterben auch nach Überführung in
Leitungswasser ab (vgl. Abb. 16).

Daraus geht hervor, daß sich Chondriosomen und Sphärosomen beim
Absterben des Protoplasten unter dem Einfluß von Salzsäure verschieden
verhalten. Die letzteren sind relativ stabil und werden erst in einer späten
prämortalen Phase aufgelöst. Die in verschiedenster Weise modifizierten
Versuche haben niemals Hinweise dafür erbracht, daß Chondriosomen oder
Sphärosomen elektiv zerstört werden können, ohne daß die Vitalität des
Protoplasten dabei beeinträchtigt wird.

Auch der von Guilliermond, Mangenot und Plantefol (1933) geäußerten Ansicht, daß Sphärosomen (Mikrosomen) bei Hungerzuständen
verschwinden, ist widersprochen worden (vgl. Dangeard 1947). Bei *Allium*-
Epidermen konnte nach längerem Aufenthalt isolierter Häutchen unter

Paraffinöl weder eine Verminderung in der Zahl noch eine Verkleinerung oder gar ein Verschwinden beobachtet werden.

Wie bereits im vorhergehenden Abschnitt betont wurde, liegen keine Untersuchungen über die Entstehung der Sphärosomen vor. Nach Befunden von PERNER (1954 a) sind Sphärosomen gleicher Größe und gleichartiger optischer Eigenschaften in allen Entwicklungsstadien von Staubfadenhaaren (*Tradescantia virginica*) nachweisbar gewesen. Die bei ausgewachsenen *Allium*-Zellen gelegentlich zu findenden Aggregationen von je zwei Sphärosomen können nach PERNER (1953) nicht als Teilungsstadien angesprochen werden. ZIEGLER (1953) macht auf einen eigenartigen Befund

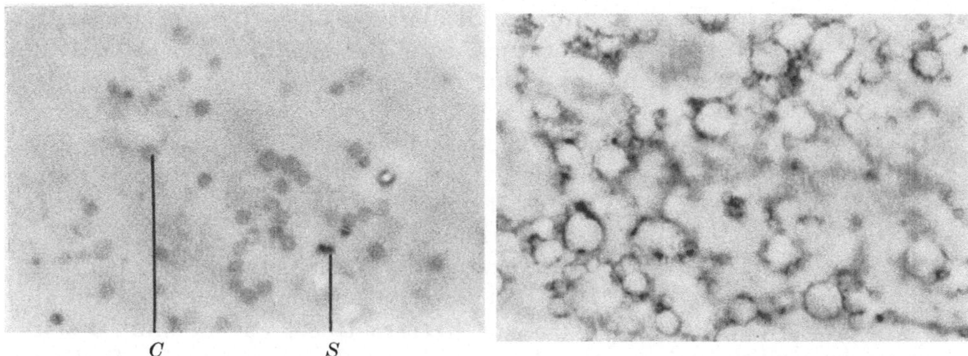

Abb. 16. Lebende *Allium*-Epidermiszelle nach 15 Min. langem Aufenthalt in 1/1000 *n* Salzsäure (linkes Bild). Die Chondriosomen werden zu blasigen Gebilden, die Sphärosomen werden größer. Nach Übertragen des Häutchens in Leitungswasser sterben die Zellen unter starker morphologischer Veränderung ab.

bei isolierten Wurzeln aufmerksam, welche durch Formazan rotgefärbte Sphärosomen (Mikrosomen) enthalten. Auf TTC-freiem Medium werden die Zellen des Spitzenmeristems beim Strecken der Wurzeln farblos und enthalten dann ungefärbte Sphärosomen. Eine Rückoxydation von Formazan zu farblosem Tetrazoliumsalz ist niemals beobachtet worden und wahrscheinlich nicht möglich. ZIEGLER nimmt an, daß aus den gefärbten Sphärosomen ungefärbte Tochterpartikeln entstehen können und daß diese bei der Zellteilung gesetzmäßig von den formazanhaltigen Sphärosomen getrennt werden. Diese Hypothese wäre nach Ansicht von ZIEGLER verständlich, wenn diese Tochtersphärosomen bei ihrer Bildung noch lipoidarm und daher zur Formazanspeicherung nicht befähigt sind. Daß Sphärosomen ebenso wie Chondriosomen und Proplastiden bei der Kern- und Zellteilung zu statistisch gleichen Teilen auf die Tochterzellen übertragen werden, läßt sich bei jugendlichen Staubfadenhaaren von *Tradescantia virginica* beobachten (PERNER 1954 v). Es besteht auch die hypothetische Möglichkeit, daß Sphärosomen aus sublichtmikroskopischen Partikeln entstehen. So sind bei *Allium*-Epidermen im Dunkelfeld- und Phasenkontrastmikroskop kleinste, an der Grenze des Auflösungsvermögens liegende Granula zu beobachten, welche bereits die für Sphärosomen normaler Größe typischen optischen Eigenschaften aufweisen (vgl. STRUGGER 1939; PERNER 1952 a, 1953). Daß es sich bei diesen kleinsten Partikeln um Chondriosomen handle, wie es Drawert (1953) angibt, konnte bei einer Nachprüfung nicht bestätigt werden.

In diesem Zusammenhang ist ferner auf verschiedene Beobachtungen hinzuweisen, nach denen Chondriosomen, Plastiden und auch Sphärosomen nicht immer statistisch ungeordnet im Cytoplasma verteilt sind. Guilliermond (1919) und Siwicka-Tarwidowa (1934) geben an, daß sich Chondriosomen bevorzugt in dem der kutinisierten Oberseite von Epidermiszellen entgegengesetzt liegenden Plasmawandbelag befinden. Wie eine Nachprüfung an isolierten *Allium*-Epidermen ergeben hat (Perner 1954 a), ist die Verteilung der Plastiden, Chondriosomen und Sphärosomen durch eine phototaktische Reaktion bestimmt. Bei einseitiger Belichtung sammeln sich diese Organelle in der dem Lichteinfall abgewendeten Seite der Zelle an, sofern die Protoplasten leben und ungestörte Plasmaströmung zeigen. Daß Chloroplasten bei gerichtetem Lichteinfall phototaktische Ortsveränderungen zeigen, ist bereits seit Senn (1904, 1908) (vgl. Küster 1951) bekannt. Sorokin (1938, 1941) gibt in Übereinstimmung mit Guilliermond und Siwicka-Tarwidowa ein gleichartiges Verhalten für Chondriosomen an. Nach Perner (1954 a) trifft dies auch für Sphärosomen zu.

In den letzten Jahren hat die Methode der Vitalfärbung mit Hilfe von nachweisempfindlichen Fluorochromen bevorzugt Verwendung bei der Analyse von Sphärosomen und Chondriosomen gefunden. Die Vitalfärbung geht auf Untersuchungen von Pfeffer (1886) zurück und ist seitdem in der Zellphysiologie zur direkten Erforschung von Stoffaufnahme, -wanderung und -speicherung in Zellen, Geweben und Organen erfolgreich eingesetzt worden. Durch die Verwendung fluoreszierender Substanzen und der Beobachtung im Fluoreszenzmikroskop konnte der Wert dieser Methode noch erheblich gesteigert werden (vgl. Strugger 1949, dort zusammenfassende Literatur und Hinweise über die Technik der Vitalfluorochromierung).

Nachdem heute in der Literatur Vitalfluorochromierungsmethoden zur differenzierten Analyse von Sphärosomen, Chondriosomen und Plastiden verwendet werden, erscheint es angebracht, auf die Schwierigkeiten dieser Verfahren und ihre Grenzen hinzuweisen. Wie bereits im anderen Zusammenhang (vgl. S. 23) erwähnt wurde, ist die Vitalfluorochromierung eine zellphysiologische Methode und setzt die Kenntnis der cytomorphologischen Konfiguration des zu untersuchenden Objektes voraus. Die Ergebnisse solcher Versuche können aber nicht die Grundlage für eine cytologische Kennzeichnung von Zellbestandteilen sein (vgl. Gutz 1956). Solange die Vitalfärbung lediglich zur Beurteilung von Unterschieden zwischen Membran, Cytoplasma und Vakuole verwendet worden ist, welche sich stofflich extrem unterscheiden, haben die Schwierigkeiten keine erhebliche Rolle gespielt. Eine Deutung von Färbungseffekten war auf Grund von Modellversuchen möglich (vgl. Strugger 1949). Anders liegen dagegen die Verhältnisse bei der Deutung von Fluorochromierungseffekten innerhalb des komplexen Protoplasten, wobei die Unterschiede zwischen Cytoplasma, Kern, Plastiden, Chondriosomen, Sphärosomen und anderen cytoplasmatischen Strukturen erfaßt werden sollen.

1. Im Fluoreszenzmikroskop läßt sich lediglich subjektiv nach Intensität und Farbe feststellen, ob und in welchem Maße ein definierter Zellbestandteil innerhalb des Protoplasten fluorochromiert worden ist. Exakte physikalische Meßmethoden (Aufnahme des Fluoreszenzspektrums u. ä.) lassen sich zur Festlegung eventueller fluoreszenzoptischer Unterschiede zwischen den einzelnen Komponenten im Protoplasten jedoch nicht anwenden. Dazu kommt, daß bei der hohen Nachweisempfindlichkeit der Fluoreszenz auch bei sogenannter elektiver Fluorochromierung eines Organells die im Cytoplasma und anderen Organellen gespeicherten Fluorochrome in unkontrollierbarer Weise den näher zu untersuchenden Fluorochromierungseffekt beeinflussen (Überstrahlung, Fluoreszenzlöschung, Änderungen der Intensität und Farbe). Auf diese Schwierigkeit macht BUTTERFASS (1956) aufmerksam und warnt vor einer übertriebenen Ausdeutung von Fluoreszenzeffekten.

2. Es ist bislang üblich gewesen, Handelspräparate verschiedenster Herkunft mit mehr oder weniger kritischer Prüfung der Zusammensetzung und der fluoreszierenden Komponenten zum Vitalfärbungsexperiment zu verwenden. Dabei haben sich wiederholt Unstimmigkeiten zwischen den

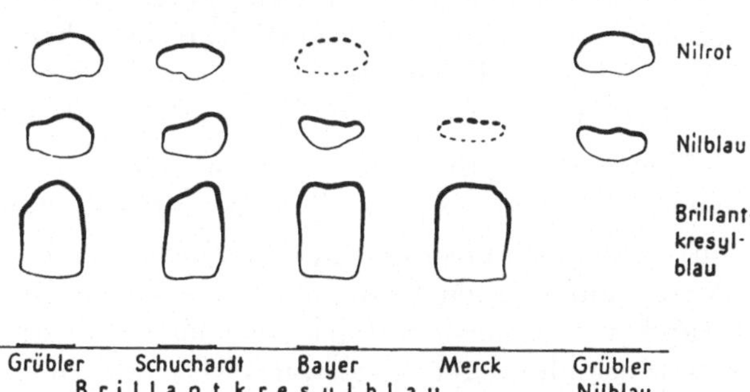

Abb. 17. Eindimensionale Papierchromatogramme von Brillantkresylblau-Präparaten verschiedener Herkunft (Grübler, Schuchardt, Bayer, Merck), verglichen mit dem Chromatogramm von Nilblau der Firma Grübler.
(DRAWERT und METZNER 1955.)

Angaben verschiedener Autoren bei Verwendung des gleichen Farbstoffs am gleichen Objekt ergeben, die Anlaß zu mißliebigen Diskussionen gegeben haben. In einer Reihe von Untersuchungen machen DRAWERT (1953, 1955 b), DRAWERT und METZNER (1955), GUTZ (1956), BUTTERFASS (1956) darauf aufmerksam, daß die Handelspräparate fast immer durch Beimengungen anderer Stoffe verunreinigt sind, welche die Fluorochromierung naturgemäß wesentlich beeinflussen können. DRAWERT erhebt in Übereinstimmung zu der Arbeitsweise in der Cytochemie (vgl. LENNERT 1955 u. a.) die berechtigte Forderung, bei vitaler Fluorochromierung die jeweils benutzten Präparate einer eingehenden physikalisch-chemischen Analyse zu unterziehen, um so zu reproduzierbaren Ergebnissen zu kommen. Bei Untersuchungen über die Aufnahme tropfbaren Wassers durch oberirdische Pflanzenorgane äußert BUTTERFASS (1956) die gleiche Kritik und stellt fest, daß die Reinheitsangaben der Herstellerfirmen für biologische Untersuchungen am lebenden Objekt nicht ausreichen. Ein von DRAWERT und METZNER (1955) untersuchtes Beispiel demonstriert besonders eindrucksvoll, welche Unterschiede bestehen können, wenn Präparate verschiedener Firmen vergleichend analysiert werden. Wie aus Abb. 17 hervorgeht, enthalten Brillantkresylblau-Präparate der Firmen Grübler, Schuchardt,

Bayer und Merck in unterschiedlicher Weise Verunreinigungen von Nilblau und Nilrot. Ein Nilblau-Präparat von Grübler enthält neben Nilblau stets Nilrot (vgl. Lennert 1955; Gutz 1956).

3. Das größte Problem der Vitalfluorochromierung dürfte aber darin liegen, den intra vitam durch subjektive Beobachtung festgestellten Fluorochromierungseffekt eines Organells richtig zu deuten. Es ist die Frage zu stellen, inwieweit die nur begrenzten experimentellen Daten detaillierte Aussagen über die Mechanik der Farstoffbindung, die stoffliche Zusammensetzung der Organelle und deren Verhalten zulassen. Nach den Angaben in der Literatur geben dabei Modellversuche die wesentliche Grundlage. Dabei wird u. a. das Diffusionsvermögen in Gelen (Gelatine u. ä.), die Löslichkeit in verschiedensten Lösungsmitteln und Substanzen, die elektrische Ladung im kataphoretischen Versuch, das Redoxverhalten geprüft. Läßt sich eine Parallelität zwischen Modellversuch und Fluorochromierungseffekt feststellen, dienen die Ergebnisse dieser Modellversuche zur Erklärung des vitalen Fluorochromierungseffektes.

Gegen diese Methoden müssen jedoch aus verschiedenen Gründen Bedenken erhoben werden, die zur Vorsicht mahnen:

a) Schon bei Lösung eines möglichst reinen Farbstoffs in chemisch definierten univalenten Systemen können sich die optischen Eigenschaften auf Grund von Konzentrationsänderungen, durch Polymerisation, metastabile Zustandsänderungen u. ä. qualitativ und quantitativ ändern (vgl. Förster 1946 u. a.). Nach Michaelis (1947) ist das Absorptionsspektrum eines Farbstoffes durchaus verschieden, wenn das Lösungsmittel gewechselt bzw. das System durch Zusätze verändert wird. Butterfass (1956) konnte zeigen, daß selbst einfache Modell-Gelkörper (z. B. Gelatine) physikochemisch außerordentlich schwer zu beurteilen sind, was sich bei der Bestimmung des IEP zeigte.

b) Schon die Deutung cytologischer Färbungen an abgetöteten, durch Fixation in einen strukturstatischen Zustand überführter Zellen ist immer noch ein ungelöstes Problem. Nur in Ausnahmefällen (z. B. Feulgenreaktion) ist es möglich gewesen, den Färbungseffekt analytisch exakt aufzuklären. Nachdem in der Cytochemie die Anwendung spezifischer Extraktionsmethoden und die enzymatische Verdauung eine wesentliche Rolle zum Nachweis von Nucleinsäuren u. ä. spielen, ist die Erarbeitung der theoretischen Grundlagen einer Färbung zum dringenden Problem geworden. So hat Spiekermann (1956) bei cytochemischen Untersuchungen von Proplastiden zum Vorkommen von DNS und RNS bei Verwendung von Nucleasen und verschiedensten Färbemethoden feststellen können, daß nicht näher bekannte Substanzen — wahrscheinlich lipoidartiger Natur — viele der Testfärbungen beeinflussen. Die exakte Deutung von Färbungseffekten wird dadurch außerordentlich erschwert. Ebenso macht Lennert (1955) auf die Schwierigkeiten beim histochemischen Nachweis von Lipiden aufmerksam. Nach Lennert kann z. B. die Löslichkeit einzelner Lipide im Gewebeschnitt nicht ohne weiteres mit der Löslichkeit der Reinsubstanzen im Reagenzglas identifiziert werden. Der rein cytomorphologische Wert dieser Färbungen wird dadurch allerdings nicht berührt (vgl. Romeis 1948), wohl aber deren analytische Bedeutung.

c) Der lebende Protoplast, in welchem Fluorochromierungseffekte beobachtet werden, befindet sich in einem uns unbekannten strukturdynamischen Zustand, wobei selbst bei Verwendung relativ unschädlicher Fluorochrome sekundäre Veränderungen eintreten können, welche nur in wenigen Fällen analysierbar sind (vgl. Strugger 1949 u. a.). Stofflich gesehen ist der Protoplast außerordentlich heterogen aufgebaut, wobei Proteine, Lipide und Nucleinsäuren die wesentliche Rolle spielen. In welchem Mischungsverhältnis diese in den verschiedenen Organellen vorliegen, ist nicht bekannt. Außerdem zeichnen sich sowohl Cytoplasma als auch Plastiden, Chondriosomen und Sphärosomen durch spezifische Feinstrukturen, eine hohe Ordnung der Makromoleküle, aus. Der lebende Protoplast stellt demnach ein unübersehbares polyvalentes System dar, das keine Parallele im Bereich der unbelebten Natur hat.

Ob unter diesen Umständen bei dem gegenwärtigen Entwicklungsstand der Methoden detaillierte Aussagen über spezifische Fluorochromierungseffekte von Zellorganellen — Bestandteilen des lebenden Protoplasten — möglich sind, bleibt Ansichtssache des jeweiligen Untersuchers. Es muß jedoch in Zweifel gezogen werden, ob Modellversuche in vitro auch nur annähernd die Verhältnisse wiedergeben können, welche sich im Zuge einer Vitalfluorochromierung innerhalb des lebenden Protoplasten abspielen. Es wird zugegeben, daß derartige Modellversuche unerläßlich sind, vor einer übertriebenen Ausdeutung muß jedoch bei Lipoiden gewarnt werden.

Die bereits aus Färbungsversuchen fixierter Zellen her bekannte Tatsache des Lipoidreichtums der Sphärosomen ist auch durch die Vitalfluorochromierung mit verschiedensten Substanzen hinreichend belegt worden (vgl. Strugger 1949); Perner 1952 b, 1953, 1954 a; Drawert 1952, 1953, 1955 a; Ziegler 1953; Gutz 1956 u. a.). Bei diesen Versuchen ist in Übereinstimmung zur Färbung fixierter Zellen aufgefallen, daß sich Chondriosomen und Sphärosomen — welche beide reich an Lipiden sind — bei Behandlung mit verschiedenen lipophilen Fluorochromen anders verhalten. So wird Rhodamin B, welches nach Strugger (1938, 1949) ein für den lebenden Protoplasten weitgehend unschädlicher Stoff ist, als lipophiler Farbstoff intra vitam lediglich durch Chondriosomen, Plastiden und diffus im Cytoplasma gebunden, nicht dagegen durch Sphärosomen (vgl. Perner 1952 a). Mit einem Rhodamin 6 G-Präparat hat Sauerland (1956) dagegen eine weitgehend elektive Fluorochromierung der Sphärosomen erreichen können, wenn das Fluorochrom in außerordentlich starker Verdünnung (1 : 500.000, pH 7,4) geboten wird. Ob diese Unterschiede bei Fluorochromierung mit Rhodamin B zwischen Chondriosomen und Sphärosomen für die verschiedene stoffliche Natur beider Organellen sprechen (vgl. Drawert 1952) oder ob die intra vitam vorliegenden Verhältnisse (Struktur, Mischungsverhältnis u. ä.) ausschlaggebend sind (vgl. Perner 1952, 1953), ist noch ungeklärt. Für die zweite Möglichkeit spricht der Befund an fixierten Zellen, wo nach Acetonbehandlung und anschließender Lipidextraktion auch eine Anfärbung der Sphärosomen mit Rhodamin B möglich ist.

Der Lipoidreichtum der Sphärosomen in Zellen höherer Pflanzen (*Allium*-Epidermen als bevorzugtes Objekt) konnte intra vitam durch Behandlung mit Phosphin 3 R, Nilblau und eine Reihe von Handelsfarbstoffen nachgewiesen werden, bei denen die Sphärosomenfluoreszenz aber wahrscheinlich auf Verunreinigungen mit „Nilblau" beruht (vgl. Drawert und Metzner 1955, dort weitere Literatur).

Der intra vitam und an fixierten Zellen nachweisbare Lipoidreichtum der Sphärosomen hat aber in der Literatur zu einer unterschiedlichen Beurteilung der biologischen Natur der Sphärosomen geführt. Von den älteren Befunden Guilliermonds (vgl. Guilliermond, Mangenot und Plantefol 1933) ausgehend, betrachtet Drawert (1952, 1953) die zum Unterschied von Chondriosomen stärker lichtbrechenden Sphärosomen (Anm.: damals von Drawert noch als Mikrosomen bezeichnet) im Sinne von A. Meyer (1920) als ergastische Gebilde in der Zelle. Danach sind die Sphärosomen mehr oder minder ephemere Stoffausscheidungen des Cytoplasmas, die mögliche Organellnatur wird in Abrede gestellt. Auch eine spezifische Feinstruktur könnten Sphärosomen in einem solchen Falle nicht besitzen, was aber durch die Befunde von Mühlethaler 1955 widerlegt wird (vgl. S. 32), der sie im elektronenmikroskopischen Bild von echten Lipoidtropfen unterscheiden kann. Nach der Auffassung von Drawert (1952, 1953) sind die Sphärosomen sehr lipoidreich und „daher prädestiniert für die Speicherung lipophiler Zustände eines Stoffes". Wenn im Zellgeschehen lipophile Stoffe besonderer Art entstehen, reichern sie sich nach der Auffassung von Drawert auf Grund ihres Verteilungskoeffizienten in den Sphärosomen an. Das gilt auch dann, wenn in Anhängigkeit vom Luftsauerstoff eine sauerstoffempfindliche und eine davon getrennte O_2-unabhängige Fluorochromierung der Sphärosomen zu beobachten ist (z. B. mit Nilblau). Diese Deutung des vitalen Färbungseffektes der Sphärosomen geht auf Modellversuche zurück, bei denen die optischen Eigenschaften des Farbstoffs bei Lösung in verschiedenen Medien und in oxydiertem bzw. reduziertem Zustand geprüft werden (vgl. Drawert 1952, 1953; Drawert und Gutz 1953).

Von besonderem Interesse sind die mit verschiedenen Nilblau-Präparaten beobachteten Färbungsergebnisse (vgl. Drawert und Metzner 1955). Die in früheren Untersuchungen von Drawert (1952, 1953) aufgefundene, von O_2 nicht beeinflußte und auch bei toten Zellen mögliche Fluoreszenz wird durch das Oxazon „Nilrot" verursacht. Es ist in Handelspräparaten von Nilblau immer in Spuren enthalten und bildet sich auch in wäßrigen Nilblaulösungen durch Oxydation mit Luftsauerstoff. Ferner ruft die durch Reduktion entstandene Leukoform von Nilblau eine Fluoreszenz der Sphärosomen hervor, welche nur bei Sauerstoffmangel zu beobachten ist und von der Lebenstätigkeit der Zelle abhängig ist. Nach Beobachtungen von Gutz (1956) ist sie nur bei lebenden Zellen festzustellen.

Auch die mit Janusgrün B (Diazingrün) und Berberinsulfat durchgeführte Vitalfärbung führt zu dem Ergebnis, daß Farbstoffe im lebenden Protoplasten je nach dem Lebenszustand der Zelle sowohl im oxydierten als auch im reduzierten Zustand vorliegen können, wenn man die optischen Eigenschaften dieser Farbstoffe im Modellversuch als Grundlage nimmt. Wenn sich die Fluoreszenz dieser Stoffe schon in vitro schon so mannigfaltig ändern kann, wie es die Modellversuche zeigen, gewinnt man eine Vorstellung, wie schwer die Deutung der Fluoreszenzeffekte im lebenden Protoplasten sein dürfte.

Nach Drawert (1953) vermag Janusgrün B, welches in der Literatur bislang als spezifischer Farbstoff für Chondriosomen galt, so daß dieser Methode ein beträchtlicher analytischer Wert zugesprochen wurde, bei Abwesenheit von Sauerstoff auch Sphärosomen anzufärben. Sie sind dann intensiv grünlichgelb bis weißgrün fluorochromiert. Damit ist die von Cowdry (1917, 1920) eingeführte und in den folgenden Jahrzehnten zur Identifizierung von echten Chrondriosomen in lebenden Zellen und auch in Gewebehomogenaten immer wieder verwendete „Janusgrünfärbung" nur unter Vorbehalt und Prüfung der Entfärbung bei Sauerstoffmangel für echte Chondriosomen spezifisch (vgl. Sorokin 1955 a, b; Bautz 1955 e, 1956); Lazarow und Cooperstein (1953) haben sich bemüht, die theoretischen Grundlagen dieser heute so bedeutenden Färbungsmethode zu erarbeiten, wonach Janusgrün in der lebenden Zelle von reduzierten Flavoproteinen zur Leukostufe reduziert werden soll, um an Orten mit Sauerstoffumsatz wieder reoxydiert zu werden. Brenner (1953) schließt sich dieser Deutung jedoch nicht an und hält einen komplizierteren Ablauf für wahrscheinlich.

Ähnlich wie bei Janusgrün-B-Färbung stellt Drawert (1953) auch bei Fluorochromierung mit Berberinsulfat im Gegensatz zu früheren Befunden Perners (1952 b) bei Sauerstoffzutritt eine Chondriosomenfluoreszenz und bei Sauerstoffmangel eine Sphärosomenfluoreszenz fest. Handelspräparate von Berberinsulfat müssen aber nach den Untersuchungen von Butterfass (1956) cytologisch mit gleicher Vorsicht verwendet werden, wie es Drawert (1955 b) für andere Handelsfarbstoffe festgestellt hat. Butterfass untersucht drei verschiedene Präparate der Firma Merck:

1. Berberinum sulfuricum purissimum crystallinum solubile Merck Nr. 1818,

2. Berberinsulfat reinst Merck Nr. 1815,

3. Berberinum bisulfuricum crystallinum Merck Nr. 1817.

Sie unterscheiden sich z. B. im pH-Wert (1%ige Lösung in Aqua dest.) nicht unwesentlich voneinander, wobei die großen Schwankungen selbst in dem nach Angaben von Merck reinstem Präparat Nr. 1818 zu beachten wären:

Nr. 1815:	5,6	4,15	5,5
Nr. 1818:	3,25	.... nach Bauer (1953) = 5,5	
Nr. 1817:	1,9	.... nach Strugger (1939) = 2,75	
		.... nach Bauer (1953) = 2,1	

Werden alle Präparate in äquivalenten Lösungen mit KOH auf pH 8,0 gebracht, so sind Nr. 1815 gelb, Nr. 1818 gelb und Nr. 1817 rot gefärbt. Butterfass weist auf den hohen Sulfatgehalt bei Nr. 1817 im Hinblick auf physiologische Experimente hin. Nach Ansicht von Butterfass wäre für cytophysiologische Versuche allein Berberinsulfat Merck Nr. 1818 (neutral) zu verwenden, die anderen Präparate sind „wegen der störenden Verunreinigungen" dagegen zu verwerfen.

Drawert (1953) wie auch Perner (1952 b) haben ihre Fluorochromierungsversuche in Unkenntnis dieser Verschiedenheit der Präparate und des unterschiedlichen Reinheitsgrades gemacht (Drawert gibt „Berberinsulfat reinst Merck" an, Perner macht keine näheren Angaben). Es liegt durchaus im Bereich des Möglichen, daß die bei beiden Autoren beobachteten Unterschiede im Färbungsverhalten hier ihre Ursachen haben.

In den jüngsten Arbeiten übernimmt Drawert (1955) den Terminus „Sphärosomen" im Anschluß an Perner (1952, 1953) für alle bislang nach von Hanstein als „Mikrosomen" bezeichneten granulaartigen Einschlüsse von Zellen höherer Pflanzen mit Ausnahme von Plastiden, Mitochondrien (Chondriosomen) und „offensichtlichen Lipoidtropfen" — mit dem ausdrücklichen Vermerk, diesen Terminus nur in cytomorphologischem Sinne zu verwenden. Im Gegensatz zu früheren Angaben (vgl. Drawert 1952, 1953) wird demnach jetzt von Drawert ein Unterschied zwischen Sphärosomen und Lipoid- bzw. Fetttropfen gemacht. Diese Einschränkung des Sphärosomenbegriffs bezieht sich auf Untersuchungen von Perner (1952 a, b, 1953) über die mögliche Lokalisation von Cytochromoxydase in lebenden Pflanzenzellen. Nach biochemischen Befunden über die Leistung sogenannter Mitochondrienfraktionen tierischer und pflanzlicher Objekte gelten heute allgemein Mitochondrien (Chondriosomen) als Träger der für den energetischen Stoffwechsel notwendigen Enzyme (vgl. S. 50). Wegen der bei mechanischer Homogenisation unvermeidbaren Veränderungen plasmatischer Zellbestandteile und der außerordentlich schwierigen cytologischen Identifizierung isolierter „Cytoplasmapartikel" können biochemische Untersuchungen nur mit Vorbehalt Auskunft über die Lokalisation enzymatischer Prozesse geben (vgl. S. 50). Weiterhin geht aus der Mehrzahl der vorliegenden biochemischen Untersuchungen hervor, daß die als Träger der Cytochromoxydase in Frage kommenden Partikel der „Mitochondrienfraktion" u. a. eine positive Reaktion mit dem Nadireagens geben und nach Ansicht der Autoren damit „echte" Mitochondrien seien (vgl. S. 50). Im Hinblick auf diese Literaturbefunde hat Perner (1952 a) den Versuch unternommen, mit Hilfe der bereits mehrfach an Homogenaten verwendeten Nadireaktion die Lokalisation der Cytochromoxydase in der lebenden, intakten Zelle zu untersuchen.

Die Nadireaktion (Synthese von Indophenolblau aus α-Naphthol und Dimethyl-p-Phenylendiamin) gestattet unter Vorbehalt Aussagen über die Lokalisation der Cytochromoxydase (vgl. Schümmelfeder 1949, dort weitere Literaturangaben). Die von Kuhn und Jerchel (1941) eingeführte TTC-Reaktion (Synthese von Formazan aus Triphenyltetrazoliumchlorid) spricht auf Dehydrasen an (vgl. Ziegler 1953, dort weitere Literatur). Beide Verfahren haben den offensichtlichen Nachteil, daß die entstehenden Reaktionsprodukte lipophil sind und daher von fett- oder lipoidartigen Zellstrukturen sekundär gespeichert werden können. Eine Aussage über den primären Reaktionsort ist daher nur unter Vorbehalt möglich. Auf Grund

der lipophilen Eigenschaften von Indophenolblau dient dieser Farbstoff
seit langem auch zum Nachweis von Lipiden (vgl. LENNERT 1955). Andere
Autoren lehnen die Nadireaktion aus diesen Gründen überhaupt ab (vgl.
GLICK 1949; GUTZ 1956 u. a.).

Unter Berücksichtigung dieser Tatsachen hat PERNER (1952 a) bei Durchführung der Nadireaktion unter möglichster Schonung des Protoplasten
gefunden, daß Indophenolblau entgegen den Angaben in der Literatur
keinesfalls durch Chondriosomen, sondern intra vitam allein durch Sphärosomen gebunden wird (vgl. Abb. 18). Durch die kontinuierliche mikroskopische Beobachtung des Reaktionsverlaufs (auch mit Hilfe des Dunkelfeldmikroskops) wurde weiterhin festgestellt, daß eine auch nur vorübergehende Anfärbung der Chon-
driosomen nicht eintritt, solange der Protoplast am Leben
bleibt. Erst in einer sekundären Phase der Nadireaktion,
wenn durch Plasmolyse u. ä.
festzustellen war, daß der Protoplast irreversible Schädigungen zeigte, kam es auch zu einer
unspezifischen Anfärbung anderer lipoider Zellstrukturen
(Grana von Chloroplasten, entmischte Chondriosomen u. ä.).
Bei Blättern von *Helodea* geben
die Grana der Chloroplasten
dann eine distinkte Blaufär-
bung (vgl. Abb. 19).

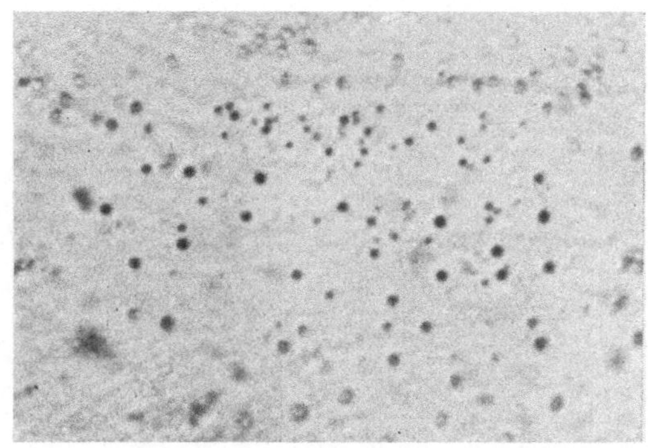

Abb. 18. Lebende *Allium*-Epidermiszelle nach Durchführung
der Nadireaktion. Intra vitam erfolgt die Ablagerung von
Indophenolblau nur in den Sphärosomen, nicht dagegen in
den Chondriosomen.
(PERNER 1952 a.)

Diese Befunde veranlaßten PERNER (1952 a, b), die Vermutung auszu-
sprechen, daß die Indophenolblausynthese in den Oberflächenstrukturen der
Sphärosomen zustande kommt. Dafür sprachen ferner cytologische Untersuchungen an fixierten Zellen, welche ergaben, daß die Sphärosomen entgegen der bisherigen Ansicht nicht reine Lipoidtropfen sein können (vgl.
S. 26). Diese Ansicht stand prinzipiell nicht in Widerspruch zu den Befunden der biochemischen Analyse von sogenannten „Mitochondrienfraktionen", denn die hier aktiven „Partikeln" färbten sich ebenfalls mit
dem Nadi- bzw. TTC-Reagens an vgl. McCLENDON 1953 u. a.). Entgegen
der Ansicht der Autoren mußte es sich bei diesen Gebilden aber nicht um
Chondriosomen, sondern um Sphärosomen handeln.

Bei der weiteren cytologischen Anwendung der Nadi- und TTC-Reak-
tion kamen DRAWERT (1952, 1953), ZIEGLER (1953), GUTZ (1956) u. a. zu der
Auffassung, daß die Anfärbung der Sphärosomen allein ein sekundärer
Färbeeffekt sei. Im Sinne von DRAWERT (1952) reichern sich diese unter
Mitwirkung von Enzymen gebildeten Farbstoffe auf Grund ihres Ver-
teilungskoeffizienten so schnell in den Sphärosomen an, daß eine auch nur
vorübergehende Anfärbung der für die Synthese in Frage kommenden
Enzymsysteme (bzw. deren Trägerstrukturen) nicht in Erscheinung tritt.

Das wäre verständlich, wenn man die Synthese im mehr hydrophilen Cytoplasma annimmt, was aber offensichtlich im Widerspruch zu den biochemischen Befunden der Literatur steht, nach denen diese Enzyme in „Granula", nämlich Chondriosomen, lokalisiert sind. Nach welchem Modus die lipophilen Farbstoffe Indophenolblau und Formazan, welche nach Drawert und Ziegler in dem lipoiden System der Chondriosomen synthetisiert werden, nun sekundär durch das vorwiegend hydrophile Cytoplasma in die Sphärosomen gelangen, wird von den Autoren nicht erörtert.

Nach diesen Befunden dürfte feststehen, daß die Deutung der Färbungseffekte bei der Nadi- und TTC-Reaktion auf die gleichen Schwierigkeiten stößt wie bei anderen Methoden der Vitalfärbung. Eine absolute Beweiskraft kommt damit diesen Methoden nicht zu. Daraus ergibt sich

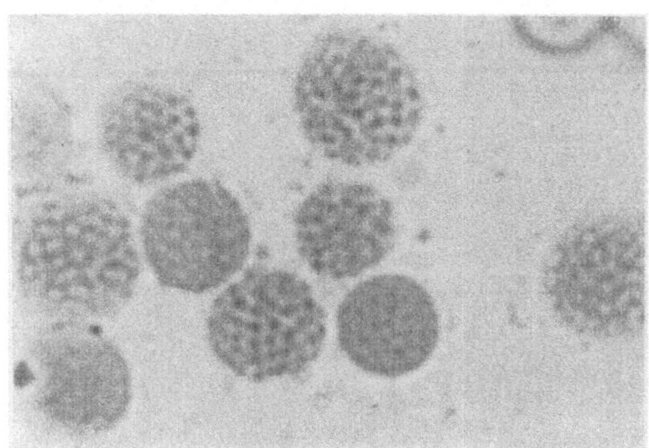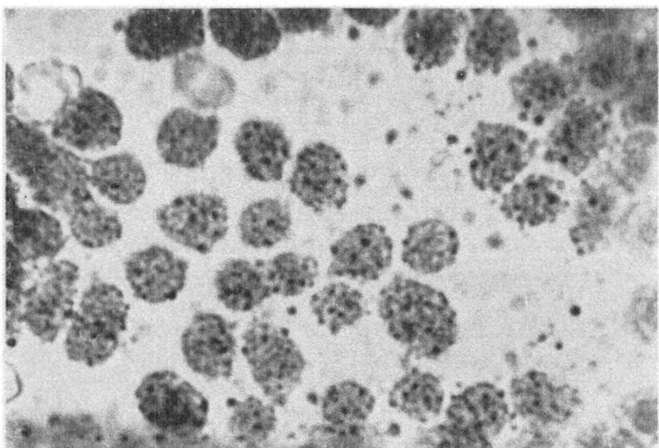

Abb. 19. Blattzellen von *Helodea densa* nach Durchführung der Nadireaktion. In einer sekundären Phase erfolgt nach irreversibler Schädigung des Protoplasten auch eine Anfärbung lipoidreicher Zellstrukturen (entmischte und degenerierte Chondriosomen, Grana der Chloroplasten).

allerdings die Konsequenz, auf die Nadi-, TTC-Reaktion und andere Methoden der Vitalfärbung (mit Dia- und Fluorochromen) zu verzichten, wenn es sich um die Identifizierung von isolierten Zellbestandteilen oder um die Kennzeichnung der Granula in Pilzen und Bakterien handelt (vgl. S. 50 und S. 21). Damit verlieren auch die von biochemischer Seite durchgeführten Untersuchungen über die Lokalisation von Enzymen in sogenannten „Mitochondrien" ihren cytologischen Wert, nachdem hier sowohl die Nadi- als auch die TTC-Reaktion zur Identifizierung herangezogen worden sind. Im folgenden Abschnitt wird dazu eingehend Stellung genommen werden.

Ebenso wie bei der Nadireaktion angefärbte „Zellpartikel" als Mitochondrien angesprochen worden sind, welche nach eingehender cytologischer Prüfung aber Sphärosomen waren, sind auch bei Vitalfluorochromierung mit Berberinsulfat ähnliche Irrtümer im Schrifttum nachzuweisen. Meissel u. Mitarb. (1950) fanden bei Behandlung von Hefe mit Berberin, Hilwig (1951) und Hilwig und Schmitz (1951) bei tierischen Gewebekulturen eine elektive Speicherung von Berberin in Granula, welche von den Autoren für Mitochondrien gehalten wurden. Gleichzeitig konnte eine Atmungshemmung und eine Störung des Atmungsgeschehens in der Weise beobachtet werden, daß eine Verfettung (bei Gewebekulturen) eintrat. Diese Befunde wurden von den Autoren in der Weise gedeutet, daß die hier angefärbten „Granula" Träger von Atmungsfermenten seien. Daß es sich hier aber nicht um Chondriosomen gehandelt hat, geht aus den Mikrophotographien hervor, die von Gewebekulturen gegeben werden. PERNER (1952 b) macht auf diesen Irrtum aufmerksam und kommt — den Gedankengängen der Autoren folgend — zu der Auffassung, daß Sphärosomen unter diesen Umständen Träger derartiger Enzymsysteme sein müssen, nachdem bei *Allium*-Epidermen nur eine elektive Fluorochromierung der Sphärosomen in Übereinstimmung zu früheren Befunden von STRUGGER (1939) gefunden wurde (vgl. dazu die Einwände von DRAWERT [1953] auf S. 45). Auch aus den Experimenten mit Berberinsulfat dürfte hervorgehen, daß die Methode der Vitalfluorochromierung nicht zur cytologischen Kennzeichnung von Zellbestandteilen geeignet ist und die Beziehungen zwischen Farbstofflokalisation und funktioneller Leistung schwierig zu beurteilen sein dürften.

In bezug auf die auch von MEISSEL u. Mitarb. (1950) untersuchte Hefe hat sich in letzter Zeit durch die Arbeiten von BAUTZ (1955 e, 1956) eine Klärung des Problems der funktionellen Bedeutung der dort nachweisbaren Chondriosomen und Sphärosomen ergeben. Nachdem anfänglich die nadipositiven Granula von der Autorin als Mitochondrien bzw. Grana mit Mitochondrienfunktion bezeichnet worden sind (vgl. S. 23), wobei GRAFFI, EPHRUSSI, LINDEGREN, SCHANDERL, HARTMANN und LIU, MUNDKUR, KRIEG, STEINER und HEINEMANN u. a. (vgl. BAUTZ 1955 e) die gleiche Auffassung vertraten, ist jetzt geklärt, daß diese Partikel in Wirklichkeit Sphärosomen sind. Den früheren Arbeiten folgend (vgl. BAUTZ 1954 a, b, 1955 c; MARQUARDT und BAUTZ 1953), müssen jetzt Sphärosomen als Träger von Atmungsfermenten angesehen werden. Diese Ansicht wird jedoch unter Hinweis auf die Ergebnisse der biochemischen Literatur und das Verhalten von Chondriosomen und Sphärosomen bei Färbung mit Janusgrün B für unwahrscheinlich gehalten. Ob neue Untersuchungen an aufgeteilten Subfraktionen einer „Hefe-Mitochondrienfraktion" (vgl. BAUTZ 1956) zu einer eindeutigen Klärung führen, bleibt abzuwarten.

Unter dem Eindruck der cytologischen Aufklärung der Hefegranula durch BAUTZ (1955 e, 1956) sind bei Bakterien vorliegende Befunde über die Lokalisation von Farbstoffen in sogenannten Mitochondrienäquivalenten als problematisch zu betrachten (vgl. S. 21). Es erübrigt sich, näher auf diese Ergebnisse einzugehen.

Mit Hilfe zellphysiologischer Methoden hat sich bei dem gegenwärtigen Stand der Forschung das Problem der biologischen Bedeutung von Sphärosomen neben Chondriosomen nicht aufklären lassen. Selbst die nach der Literatur als sicher geltende Theorie der aktiven Beteiligung von Chondriosomen am energetischen Stoffwechsel ist durch die unzureichende Identifizierung der fraglichen Partikel in Mitochondrienfraktionen unsicher geworden, nachdem dafür nicht geeignete färberische Verfahren (Nadireaktion u. ä.) verwendet worden sind. An der intakten, lebenden Zelle hat sich mit Hilfe der gleichen Methoden (Nadi- und TTC-Reaktion, Janusgrünfärbung u. ä.) nicht die Frage entscheiden lassen, welche Zellbestandteile Träger der Atmungsfermente sind. PERNER (1952 a, b, 1953) steht mit der

Annahme der Lokalisation dieser Enzyme in Sphärosomen vereinzelt da, wobei jedoch darauf hinzuweisen ist, daß diese Befunde nicht in Widerspruch zu den Angaben der biochemischen Literatur stehen (vgl. McClendon 1952, 1953). Die gleichen angefärbten Partikeln werden in einem Falle als Mitochondrien bezeichnet, müssen jedoch auf Grund der cytologischen Befunde als Sphärosomen identifiziert werden. Darüber hinaus zeigen u. a. die Befunde von Bautz (vgl. 1955 e), Girbardt (1955 a, b) u. a., daß die als Sphärosomen zu bezeichnenden Zellpartikel aktiv am Zellgeschehen beteiligt sind.

IV. Die biochemische Analyse von „Cytoplasmapartikeln" mit Hilfe von Differentialzentrifugation unter Berücksichtigung der Existenz von Plastiden, Chondriosomen und Sphärosomen

Die Frage nach den speziellen funktionellen Leistungen der einzelnen Zellorganellen hat sich mit Hilfe der traditionellen Methoden der Zellforschung nicht befriedigend aufklären lassen (vgl. Newcomer 1940, 1951 u. a.). Die wenigen, dafür geeignet erscheinenden cytochemischen Methoden sind zu unspezifisch und erlauben keinerlei quantitative Aussagen über enzymatische Leistungen. Auch über die Lokalisation von Fermenten lassen sich meist keine konkreten Angaben machen, da sich der primäre Reaktionsort nicht immer aus dem beobachteten Färbungseffekt beurteilen läßt. Wesentliche Fehlermöglichkeiten (sekundäre Speicherung durch Lipoide, Adsorptionseffekte u. ä.) lassen sich nicht kritisch genug ausschalten.

So ist die nach der Literatur für Chondriosomen typische Färbung mit Janusgrün B (vgl. Cowdry 1917; Sorokin 1938, 1955; Drawert 1952; Perner und Pfefferkorn 1953; Bautz 1955 u. a.) nur dann kennzeichnend, wenn in der noch lebenden Zelle bei Sauerstoffmangel eine Entfärbung der Chondriosomen auf Grund einer vermutlichen Reduktion des Farbstoffs eintritt (vgl. Lazarow und Cooperstein 1953; Cooperstein, Lazarow und Patterson 1953). In diesem Falle kommt es aber, wie aus den Untersuchungen von Drawert (1953) hervorgeht, auch zu einer Bindung an Sphärosomen, da die reduzierte Form lipoidlöslicher ist als das Oxydationsprodukt. Bei der immer noch bestehenden Unklarheit über die tatsächliche Mechanik des Färbungsablaufes (vgl. Brenner 1953) im komplexen lebenden Protoplasten kann die Färbung mit Janusgrün B (Diazingrün) nur mit Vorbehalt zum cytochemischen Nachweis enzymatischer Leistungen chondriosomaler Elemente herangezogen werden, was allerdings von Bautz 1955 u. a. angenommen wird. Auch für die Sphärosomen ist eine vom Luftsauerstoff abhängige Anfärbung festgestellt worden. Bei Behandlung mit Nilblau haben Drawert und Gutz (1953) und Gutz (1956) festgestellt, daß die von O_2 unabhängige Sphärosomenfluoreszenz durch Verunreinigung mit Nilrot verursacht wird und daß die durch Reduktion entstehende Leukoform von Nilblau eine Sphärosomenfluoreszenz verursacht, welche nur bei Sauerstoffmangel und nur bei lebenden Zellen auftritt. Auch die Anwendung der Nadi- und TTC-

Reaktion hat nicht zu allgemein anerkannten Befunden geführt (vgl. PERNER 1952, 1953). Wegen der möglichen sekundären Bindung an Lipoide ist es nur bedingt möglich, den primären Reaktionsort zu beurteilen. Der analytische Wert der cytochemischen Reaktionen ist nur begrenzt, weil es nicht möglich ist, in einem polyvalenten, hochgeordneten kolloiden System ablaufende chemische Reaktionen eindeutig zu beurteilen.

So ist es verständlich, daß die auf BENSLEY und GERSH (1933) und BENSLEY und HOERR (1934) zurückgehende Methode der „fraktionierten Zentrifugation von Gewebehomogenaten" großes Interesse fand, nachdem diese Methode die Möglichkeit bieten sollte, Kerne, Plastiden, Chondriosomen u. ä. vom hyalinen Cytoplasma zu trennen und diese Organelle in bestimmten Fraktionen anzureichern. CLAUDE, SCHNEIDER und vor allem HOGEBOOM, SCHNEIDER und PALADE (1947) haben dieses Verfahren für die biochemische Analyse überlebender tierischer Gewebe ausgebaut. STAFFORD (1951), MILLERD (1951), McCLENDON (1952) u .a. haben diese Methode dann auf Grund der bei tierischen Geweben gemachten Erfahrungen auch für die biochemische Analyse der Zellbestandteile lebender pflanzlicher Gewebe übernommen. Alle heute im Schrifttum vorliegenden Aussagen über spezifische Leistungen, besonders von Mitochondrien (Chondriosomen), gehen auf derartige Untersuchungen an fraktionierten Homogenaten zurück (vgl. LINDBERG und ERNSTER 1954, dort eingehende Literaturangaben, vgl. LANG 1952, 1955 u. a.).

Wie CHESSIN (1951) in einem Referat ausführt, ist „das Prinzip sehr einfach. Bei der Herstellung der Homogenisate erfolgt eine Zerstörung der Zellen und ihre geformten Bestandteile suspendieren sich im Medium. Diese Elemente — Kerne, Cytoplasmagranula usw. — unterscheiden sich durch G r ö ß e und D i c h t e. Daher setzen sie sich bei genügend kräftigem Zentrifugieren mit verschiedener Schnelligkeit bei gleichzeitiger Abhängigkeit von der flüssigen Phase ab. Infolgedessen können jeweils bei einer bestimmten Zentrifugalkraft und bestimmten Medien wahlweise einzelne Kategorien von Zellelementen zurückgehalten werden, d. h. man kann eine beträchtliche Menge mehr oder weniger gleichartiger innerzelliger Strukturen unter B e i b e h a l t u n g i h r e s A u f b a u s u n d i h r e r f e r m e n t a t i v e n E i g e n s c h a f t e n g e w i n n e n. Auf diese Weise lassen sich Kerne, große Cytoplasmagranula (Chondriosomen) und submikroskopische Granula trennen. Die Substanzen, die sich im mikrodispersen Zustand befinden, treten im Zentrifugat auf". Nach diesen Angaben von CHESSIN (1951), denen sich prinzipiell die Mehrzahl aller Biochemiker angeschlossen hat, würde demnach in idealer Weise eine enzymatische Analyse der einzelnen Zellorganelle möglich sein, ohne daß störenden Korrelationen — wie sie im lebenden Protoplasten wirksam sind — in Erscheinung treten.

Nach den Ausführungen der beiden vorhergehenden Abschnitte hat die Zellforschung den Nachweis erbringen können, daß die Pflanzenzelle neben dem Zellkern, den Plastiden und Chondriosomen (Mitochondrien) regelmäßig stärker lichtbrechende, stets kugelige Elemente enthält, die nach dem Vorschlag von PERNER (1952, 1953) in Anlehnung an DANGEARD (1919) heute allgemein als Sphärosomen bezeichnet werden. Sie sind persistent in allen bisher untersuchten Zellen höherer Pflanzen, und auch für die niederen Pflanzen ist ihre Existenz neben Chondriosomen wahrscheinlich (vgl. Bautz 1955). Nachdem sie lipoidreich, aber auch aus proteidartigen Komponenten bestehen und im Elektronenmikroskop sich spezifisch von Chondriosomen einerseits und offensichtlichen Lipoidtropfen andererseits unterscheiden lassen, läßt sich vermuten, daß auch die Sphärosomen Organellcharakter besitzen. Ihre Existenz kann daher nicht mehr geleugnet werden. Ihre vermutliche physiologische Bedeutung im Zellgeschehen ist noch absolut ungewiß, nachdem die Vermutung von Perner (1952, 1953), daß sie als Träger von Enzymsystemen in Frage kommen, abgelehnt worden ist. So ist es sicherlich von Interesse, die Frage näher zu prüfen, ob die Methode der Differentialzentrifugierung nicht auch zur biochemischen Analyse von Sphärosomen geeignet wäre.

Wenn die biochemische Analyse isolierter „Zellpartikel" eine sichere Auskunft über die Lokalisation von Enzymsystemen in den persistierenden Organellen der Pflanzenzelle geben will, ist zu fordern, daß eine möglichst reine Trennung der intra vitam vorhandenen Organelle der Pflanzenzelle erreicht wird. Das hat eine einwandfreie cytologische Identifizierung der verschiedenen „Granula", wie sie in einem Gewebehomogenat bzw. in den nachfolgenden Fraktionen vorhanden sind, zur Voraussetzung. Aus zwingenden Gründen ist weiterhin zu fordern, daß die Organelle den cytomorphologischen Zustand beibehalten, der für ihre funktionelle Leistung im Gefüge des intakten lebenden Protoplasten kennzeichnend ist. Der Zustand der lebenden Zelle sollte demnach der Ausgangspunkt sein, wenn isolierte Zellpartikel identifiziert werden sollen (vgl. Perner und Pfefferkorn 1953). Es wird weiterhin zweckmäßig sein, alle möglichen Veränderungen (cytomorphologisch und cytophysiologisch) der Organelle im Verlauf der notwendigen experimentellen Eingriffe: mechanische Homogenisation, fraktionierte Zentrifugation, Reinigung der Fraktionen, Veränderungen im biochemischen Ansatz u. ä., sorgfältig zu überprüfen, um Fehlermöglichkeiten (sekundäre Adsorption, Inaktivierung, Zerstörung von Fermenten und spezifischen Feinstrukturen u. ä.) möglichst auszuschalten. Die Leistungsfähigkeit der quantitativen biochemischen Methoden ist hoch, wobei derartige Fehlermöglichkeiten besonders stark ins Gewicht fallen (vgl. Lang 1952, 1955 u. a.).

Will man mit Hilfe der Differentialzentrifugierung dem erstrebenswerten Ziel — der funktionellen Analyse der einzelnen Zellorganelle — näherkommen, so sind nach den Befunden der Zellforschung mindestens die folgenden Fraktionen aus einem Homogenat zu trennen:

1. Zellkernfraktion,

2. Plastidenfraktion, wobei je nach Art und dem physiologischen Zustand des Gewebes zwischen Proplastiden, Chloroplasten, Leukoplasten und Chromoplasten zu unterscheiden ist,

3. Chondriosomenfraktion, aus kugeligen, stäbchen- oder fadenförmigen Gebilden bestehend,

4. Sphärosomenfraktion, lediglich kugelige, stärker lichtbrechende Partikel enthaltend,

5. Cytoplasmafraktion, aus dem lichtmikroskopisch hyalinen Cytoplasma aufgebaut, möglicherweise persistierende sublichtmikroskopische Partikel (Submikrosomen) enthaltend.

Führen die zur Homogenisation verwendeten Zellen ferner noch charakteristische Stoffausscheidungen des Cytoplasmas (Fetttropfen, Eiweißkristalle, Stärkekörner u. ä.), ist auch deren Verbleib anzugeben. Bei den Fraktionen 1 bis 4 handelt es sich um diejenigen Zellbestandteile lichtmikroskopischer Dimension, welche nach allen cytologischen Erfahrungen persistent in allen Pflanzenzellen vorkommen. Nachdem sie sich in der intakten Zelle klar voneinander unterscheiden lassen, dürfte es nicht belanglos sein, sie auch bei der biochemischen Analyse klar voneinander zu trennen. Das gilt unbedingt in den Fällen, wenn man die Ergebnisse solcher Untersuchungen auf die Verhältnisse der intakten, lebenden Zelle zu übertragen gedenkt. Aus den angeführten Gründen können demnach diejenigen Befunde, welche als Definition isolierter Zellbestandteile lediglich „Cytoplasmapartikel, große Cytoplasmagranula, big granules u. ä." angeben, nicht anerkannt werden. Vom Standpunkt der Zellforschung gesehen, haben sie keinen großen analytischen Wert. Wenn nicht die Gesamtheit aller Organelle der Pflanzenzelle gemeint ist, sollte auf die Verwendung des Terminus „Cytoplasmapartikel" besser verzichtet werden, um eine mögliche Verwechslung von vornherein auszuschließen. Handelt es sich dagegen um bestimmte Organellsysteme, so sind sie nach cytologischen Gesichtspunkten zu identifizieren.

Eine kritische Durchsicht aller heute in der Literatur vorliegenden biochemischen Untersuchungen an pflanzlichen Gewebehomogenaten läßt leider die theoretisch zu fordernde Aufteilung in die vier Fraktionen „lichtmikroskopischer Zellorganelle" vermissen. Es sei hier auf die zusammenfassenden Darstellungen von MILLERD und BONNER (1953), GODDARD und STAFFORD (1954), LINDBERG und ERNSTER (1954) u. a. verwiesen, die Auskunft über die Originalarbeiten geben können.

Am leichtesten erscheint zweifellos die Abtrennung der Zellkerne und Chloroplasten (aus Blatthomogenaten), da sich besonders die letzteren cytologisch so charakteristisch von den anderen Organellen unterscheiden, daß eine Identifizierung im Isolat keine Schwierigkeiten macht (vgl. WEIER und STOCKING 1952; GRANICK 1955 u. a.). Wie aber die Befunde von KERN (1956) zeigen, sind die bislang in der Literatur vorliegenden qualitativen und quantitativen Angaben über das Vorkommen von RNS und DNS in Chloroplasten problematisch. Das gilt sinngemäß auch für die möglichen enzymatischen Leistungen isolierter Chloroplasten. KERN beschäftigt sich unter Verwendung neuartiger Methoden besonders mit der Frage einer schonenden Isolierung von ausgewachsenen Chloroplasten bei cytologisch einwandfreiem Erhaltungszustand und dem dann nachweisbaren Gehalt an RNS und DNS. KERN unterzieht weiterhin die in der Literatur verwendeten biochemischen Nachweismethoden für Nucleinsäuren einer Kritik.

Nachdem durch die Untersuchungen STRUGGERS (1950, 1951, 1953, 1954) und seiner Mitarbeiter (vgl. STRUGGER und PERNER 1956, dort weitere Literaturangaben) die Ontogenese der Chloroplasten soweit aufgeklärt worden ist, daß sie bei den höheren Pflanzen aus Proplastiden entstehen, ergibt sich bei biochemischen Untersuchungen von Homogenaten die zwingende Notwendigkeit, sie von Chondriosomen (Mitochondrien) zu trennen. Bei der Bearbeitung von Homogenaten aus chlorophyllfreien Geweben (Wurzeln, Speicherorgane u. ä.) müssen entsprechend die Leukoplasten in einer besonderen Fraktion nachgewiesen werden. Wie die Literatur aber zeigt, ist das Problem der Abtrennung von Proplastiden bzw. Leukoplasten noch ungelöst. In den jungen Köpfen von Blumenkohl (*Brassica oleracea*) liegt das System der Plastiden als Proplastiden bzw. Leukoplasten vor. Laties (1953), der sich bei diesem Objekt mit der biochemischen Leistung von Mitochondrien beschäftigt, macht aber keinerlei Angaben darüber, in welcher Fraktion Plastiden angereichert wurden. Wahrscheinlich sind sie als Verunreinigung in der Mitochondrienfraktion enthalten, da sie sich in bezug auf Größe und Dichte nur geringfügig von Mitochondrien unterscheiden. Ob damit die nach den Befunden von Laties (1953) für „Mitochondrien" angegebenen biochemischen Leistungen allein für diese kennzeichnend sind, bleibt dahingestellt. Ebenso fehlen in der Arbeit von Stafford (1951) konkrete Angaben über den Verbleib von Proplastiden bzw. Leukoplasten (Keimpflanzen von *Pisum sativum* als Untersuchungsobjekt). Sie werden nicht einmal in den zur Kontrolle vorgenommenen cytologischen Untersuchungen an Schnitten erkannt oder nachgewiesen. Das gleiche gilt auch für alle anderen Untersuchungen an Homogenaten jugendlicher pflanzlicher Gewebe höherer Pflanzen, die in der Literatur vorliegen (vgl. Steffen 1955 u. a.). Gerade für die biochemische Analyse der Biosynthese von Polysacchariden (Kondensation von Stärke) erscheint aber die reine Trennung von Leukoplasten (bzw. Proplastiden) und Chondriosomen bedeutungsvoll, nachdem cytologisch sichergestellt ist, daß lediglich das System der Plastiden zur Kondensation von Stärke befähigt ist (vgl. Yin 1948; Strugger 1950, 1951, 1954 u. a.). Wenn Stocking (1952) auf Grund der Analyse von Homogenaten aus stärkefreien Blattzellen zu dem Schluß kommt, daß die Polysaccharidsynthese im Cytoplasma — außerhalb der Plastiden — als Folge der Aktivität von Phosphorylase auf Glukose-l-Phosphat ablaufe, spricht dies zweifellos für die Unzulänglichkeit der verwendeten Methoden.

Danach ergibt sich, daß nach der Literatur eine Isolation von Leukoplasten oder Proplastiden nicht möglich gewesen ist, ohne daß von den betreffenden Untersuchern auf diese cytologisch nicht unwesentliche Tatsache hingewiesen worden ist. Die funktionelle Analyse dieser Zellorganelle konnte also mit Hilfe biochemischer Methoden an Fraktionen von Homogenaten nicht vorgenommen werden. Wahrscheinlich sind sie als nicht erkannte Verunreinigung in die Fraktion „großer Cytoplasmagranula" — der Mitochondrienfraktion der Autoren — eingegangen. Eine Reihe biochemischer Leistungen, welche danach Chondriosomen zugesprochen werden, dürften demnach für Plastiden charakteristisch sein.

Da die Abtrennung der einzelnen Zellpartikel aus einem Homogenat durch die Größe und Dichteunterschiede dieser Teilchen bestimmt wird (vgl. Chessin 1951 u. a.), ist eine einwandfreie Trennung in reinen Fraktionen um so schwieriger — oder gar unmöglich —, wenn diese zu gering sind. Das ergibt sich bereits für Proplastiden bzw. Leukoplasten und dürfte eine noch größere Rolle bei der Abtrennung von Chondriosomen und Sphärosomen spielen. In der biochemischen Literatur (vgl. MILLERD und BONNER 1953; GODDARD und STAFFORD 1954; LINDBERG und ERNSTER 1954) wird auf dieses Problem überhaupt nicht hingewiesen und scheint demnach nicht erkannt worden zu sein. In bezug auf morphologische Zellbestandteile in der Größenordnung um 1,0 μ Durchmesser kennt die biochemische Literatur lediglich sogenannte Mitochondrienfraktionen. Vorwiegend granuläre Partikeln dieser Größenordnung sedimentieren in Abhängigkeit von der flüssigen Phase bei 14.000 bis 18.000 g. Die übliche Bezeichnung als „Mitochondrienfraktion" erweckt den Eindruck, daß es sich bei diesen Zellelementen ausschließlich bzw. vorwiegend um „echte" Chondriosomen (Mitochondrien) der intakten Zelle handelt. Mit mehr oder weniger Nachdruck wird von allen Untersuchern die Meinung vertreten, daß die enzymatischen Leistungen dieser Mitochondrienfraktion tatsächlich diesen Bestandteilen des Protoplasten zukommen. Die mögliche Verunreinigung durch Sphärosomen, Proplastiden, Leukoplasten oder Trümmer dieser Organelle wird abgelehnt oder bagatellisiert. Wie CHESSIN (1951) angibt, lassen sich Mitochondrien „mühelos als solche identifizieren". Auf die große Schwierigkeit der cytologischen Identifizierung der Bestandteile der Mitochondrienfraktion weisen aber eine Reihe von Untersuchern hin (vgl. STAFFORD 1951; BAUTZ 1955 u. a., s. STEFFEN 1955). Auf diese Frage wird an anderer Stelle näher einzugehen sein (vgl. S. 60). Unter dem Eindruck der cytomorphologischen und biochemischen Uneinheitlichkeit der Mitochondrienfraktion in den ersten Untersuchungen an pflanzlichen Homogenaten ist man in letzter Zeit bemüht, diese in Subfraktionen weiter aufzugliedern (vgl. NOVIKOFF und Mitarb. 1953; PAIGEN 1954; KUFF und SCHNEIDER 1954). Nach eingehenden cytologischen Untersuchungen an Hefen macht BAUTZ (1955) den Versuch, bei Hefe-Homogenaten eine cytologisch exakte Trennung der aus den früheren Analysen bekannten Zellpartikel zu erreichen. In der „Mitochondrienfraktion", welche sich nach 30 Min. bei 14.800 g sedimentiert (vorher Abtrennung von Zelltrümmern u. ä.), findet BAUTZ Zellkerne, Mitochondrien und Sphärosomen. Bei der cytologischen Analyse bewähren sich vergleichende lichtmikroskopische Untersuchungen. Diese Fraktion dürfte der Mitochondrienfraktion anderer Autoren vergleichbar sein. Durch Variation der Zentrifugationszeit gelingt es bei 14.800 g, vier verschiedene Sedimente abzutrennen, wobei das Überstehende jeweils erneut einer Zentrifugation über eine längere Zeit unterzogen wird. Die vier Fraktionen haben nach den Angaben von BAUTZ die folgende Zusammensetzung:

1. F r a k t i o n (8 Sek. Zentrifugation bei 14.800 g):
   Hauptsächlich Plasmaschollen, kleine Portionen von Plasmagerinnseln mit einigen Sphärosomen, Mitochondrien und sehr wenigen Zellkernen. Außerdem freiliegende Sphärosomen, Kerne, zarte Plasmafetzen und wenige Mitochondrien, eventuell noch Verunreinigungen.

2. F r a k t i o n (1 Min. bei 14.800 g zentrifugiert):
   Freiliegende Sphärosomen, u. U. mit etwas anhaftendem Cytoplasma. dann auch Mitochondrien seltener Zellkerne und auch einige Fetttropfen.

3. **Fraktion** (30 Min. bei 14.800 g zentrifugiert):
Sphärosomen und Mitochondrien, etwa beide in derselben Häufigkeit,
ferner Fetttropfen und Bakterieninfektionen.

4. **Fraktion** (60 Min. bei 14.800 g zentrifugiert):
Nach phasenoptischer Betrachtung werden kleinste, stärker und schwä-
cher lichtbrechende, an der Grenze des mikroskopisch Sichtbaren liegende Partikelchen festgestellt, welche nicht mehr identifizierbar sind.

Danach ist es der Autorin bei diesen auch cytologisch mit Sorgfalt durchgeführten Isolationsversuchen bei Hefe nicht möglich gewesen, eine reine
Trennung von Chondriosomen und Sphärosomen zu erreichen. In ähnlicher
Weise durchgeführte Untersuchungen an Homogenaten bzw. deren Fraktionen aus Geweben höherer Pflanzen liegen nicht vor. Lediglich Perner
(1952) und Perner und Pfefferkorn (1953) haben den Erhaltungszustand
der einzelnen Organelle licht- und elektronenmikroskopisch mit cytologischer Methodik überprüft und kamen in manchen Punkten zu ähnlichen
Befunden wie Bautz (1955).

Nach diesen Ergebnissen kann demnach kein Zweifel darüber bestehen,
daß der heute in der Praxis erreichte „Reinheitsgrad" der sogenannten
Mitochondrienfraktion in der biochemischen Literatur nicht ausreicht, um
detaillierte Angaben über die stoffliche Zusammensetzung der „Chondriosomen" und qualitative und quantitative Zahlenwerte für ihre enzymatische
Leistung zu machen. Bei Untersuchungen von Homogenaten aus Tabak-
blättern fanden Du Buy und Lackey (1950), daß die Cytochromoxydase in
den Mitochondrien lokalisiert ist. Dasselbe fanden Stafford (1951) an
Pisum sativum und Millerd (1951) bei Tomatenblättern. Auch McClendon
(1953) kann sich bei gleicher Methodik unter dem Eindruck der vorliegenden Literaturbefunde nicht der Meinung entziehen, daß die Cytochromoxydase in den Mitochondrien lokalisiert sei. Die Fraktionierung nimmt
McClendon nach dem folgenden Schema (Abb. 20) vor:

Nach McClendon läßt sich Cytochromoxydase vorwiegend in dem
Material nachweisen, das bei höheren Zentrifugalkräften sedimentiert, aus
kleinen Granula besteht und wenig Chlorophyll enthält. Dieses Material
ist nach McClendon (1952) cytologisch unrein. Davon ausgehend, daß
Kerne, Chloroplasten und Mitochondrien „are the only microscopic proto-
plasmic bodies present in tobacco leave hyaloplasm", kommt McClendon
(1953) zu dem Schluß, daß Cytochromoxydase in Mitochondrien lokalisiert
sei. Er betont, daß „unfortunately they could not be demonstrated cyto-
logically in fraction C_3. There may be other distinct intracellular orga-
nelles, however, if the observations of Perner (1952) on onion bulb scale
epidermis are confirmed". Wegen der Unsicherheit der Nadireaktion lehnt
allerdings McClendon (1953) die mögliche Lokalisation von Cytochromoxydase in Sphärosomen ab und betont abschließend: „It was concluded
that the enzyme was mainly associated with the mitochondria or similar
bodies known to be present in the leaves." Daraus dürfte sich ergeben, wie
dringend notwendig eine Isolationsmethode wäre, mit der man cytologisch
exakt Chondriosomen und Sphärosomen trennen könnte, um die Frage
der Lokalisation von Stoffwechselprozessen in einzelnen Zellbestandteilen

— Organellen — zu klären. Vielleicht bieten Methoden, wie sie Jagendorf (1955) zur reinen Isolation von Chloroplasten anwendet, eine Möglichkeit. Wegen der bis heute noch nicht erreichten reinen Trennung der einzelnen Organellen aus Gewebehomogenaten dürften die heute vorliegenden Befunde über die mögliche Lokalisation von Enzymsystemen in Mitochondrien noch unsicher sein, sofern sie auf die Analyse von „Mitochondrienfraktionen" zurückgehen.

Gegenüber der Methode einer Differentialzentrifugation von Homogenaten sind aber vom Standpunkt des Cytologen noch weitere Bedenken zu äußern. Bis zur biochemischen Analyse einer gereinigten Fraktion sind mehrere Arbeitsgänge durchzuführen, bei denen mit mehr oder weniger tiefgreifenden strukturellen und funktionellen Veränderungen der isolierten Organelle gerechnet werden muß. Diese sind — auch bei schnellem Arbeiten — über eine verhältnismäßig lange Zeit Medien ausgesetzt, die nicht so indifferent sind, daß solche möglichen Veränderungen auch bei Durchführung im Bereich tiefer Temperatur (bis zu 5^0 C) verhindert werden können. In den ersten Arbeiten an Homogenaten wird die stillschweigende Voraussetzung gemacht, daß die „Zellpartikel" den Prozeß der Zertrümmerung des lebenden Protoplasten ohne wesentliche Veränderung und damit ohne qualitativen bzw. quantitativen Verlust von enzymatischen Leistungen überstehen. So gibt Chessin (1951) an: „... man kann eine beträchtliche Menge mehr oder weniger gleichartiger innerzelliger Strukturen unter Beibehaltung ihres Aufbaus und ihrer fermentativen Eigenschaften gewinnen." Andere Autoren (vgl. Hogeboom, Schneider und Palade 1947; Schneider und Hogeboom 1951; Berthet und De Duve 1952; Zusammenfassung bei Lindberg und Ernster 1954) vertreten die Ansicht, daß bei tierischen Geweben die folgende Methode ausreichend sei, um Mitochondrien zu isolieren:

Alle Operationen müssen zwischen 0 und 5^0 C. durchgeführt werden. Die

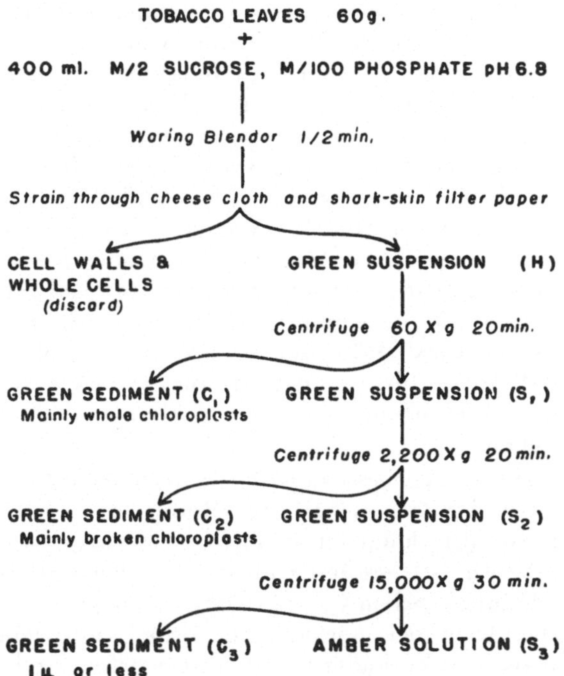

Abb. 20. Schema der Isolation von Zellpartikeln aus pflanzlichem Material. Fraktion C₃ besteht vorwiegend aus kleinen Partikeln in der Größe von etwa 1 μ und kleiner. Sie dürfte u. a. Chondriosomen und Sphärosomen enthalten. (McClendon 1952.)

Gewebestückchen werden nach Säuberung in einem Homogenisator nach Potter und Elvehjem (1936) zerkleinert. Danach wird das Homogenat durch Gaze von groben Zelltrümmern befreit (3 Min.). Das Überstehende wird dann bei 1400 g 15 bis 20 Min. zentrifugiert. Das die Mitochondrien enthaltende Sediment wird dann durch Resuspension in Zuckerlösung und erneute Zentrifugation gereinigt. Als Medium hat sich nach den Erfahrungen bei tierischen Zellen 0.25 m Zuckerlösung (vgl. Schneider und Hogeboom 1951), die auf pH 7,5—8,0 gepuffert wird, bewährt. In ähnlicher Weise isolieren Stafford (1951), McClendon (1952, 1953) u. a. Mitochondrien auch aus pflanzlichen Geweben.

In letzter Zeit berichten Lehmann und Wahli (1954), daß das Komplexon „Versene" durch Blockierung von Ca- und Mg-Ionen strukturerhaltend wirkte. Novikoff und Mitarb. (1953) u. a. zeigen, daß sich Verunreinigungen mit cytoplasmatischen Artefakten zum Teil durch Waschen entfernen lassen. Schon vorher haben Harman (1950), Harman und Feigelson (1952), Huennekens (1951) u. a. darauf hingewiesen, daß mit Veränderungen in der biochemischen Leistung auch morphologische ablaufen. Demgegenüber weisen Schneider (1947) auf Grund lichtmikroskopischer Befunde und später Palade (1953) an Hand von elektronenmikroskopischen Bildern darauf hin, daß sogar die typische Feinstruktur isolierter tierischer Mitochondrien erhalten bleibt, wenn auch gewisse Schädigungen auftreten. Perner und Pfefferkorn (1953) zeigen jedoch für isolierte pflanzliche Chondriosomen, daß diese im Homogenat aus Zwiebelschuppen von *Allium* weitgehend degradieren und in keinem Falle morphologisch so erhalten bleiben wie im Leben.

Durch Verbesserung der Isolationsmethoden (Zusätze, um Agglutinierung zu verhindern, sorgfältige Reinigung u. ä.) ist man demnach bemüht, isolierte Mitochondrien möglichst lebensgetreu zu erhalten. Ob dies überhaupt möglich ist, erscheint aber nach den cytologischen Erfahrungen unwahrscheinlich. Schon Cowdry (1924, 1926) weist darauf hin, daß besonders Mitochondrien bei mechanischer Schädigung lebender Zellen starken morphologischen Veränderungen unterworfen sind und sogar zum Verschwinden kommen können. Auch Chambers (1943) fragt auf Grund seiner Erfahrungen bei mikrurgischen Experimenten, in welchem Ausmaß die verschiedenen Zellkomponenten ohne Verlust ihrer wahren Natur mit Hilfe von mechanischer Homogenisation isoliert werden können. Ebenso kommt Danielli (1947) zu einer Ablehnung dieser Methoden und hält sie wegen der dabei eintretenden Desintegration des protoplasmatischen Systems für eine biochemische Analyse von Zellbestandteilen für ungeeignet. In letzter Zeit haben Perner (1952, 1954) und Perner und Pfefferkorn (1953) auf Grund vergleichender licht- und elektronenmikroskopischer Analysen intakter Zellen von *Allium*-Schuppenepidermen und deren Homogenaten zeigen können, daß die damals üblichen Methoden zur Isolation von Zellpartikeln nicht für eine lebensgetreue Erhaltung von Chondriosomen, Plastiden und Sphärosomen ausreichen. Um die möglichen Veränderungen nach der Homogenisation beurteilen zu können, sind kontinuierliche Beobachtungen der Homogenate vom Beginn der Zellzertrümmerung ab bis zu einer Endphase vorgenommen worden. Sie führen einmal zu dem Schluß, daß Leukoplasten, Chondriosomen und Sphärosomen in spezifischer Weise degradieren und daß weiterhin aus dem intra vitam lichtmikroskopisch hyalinen Cytoplasma Gebilde entstehen, die als Artefakte wahrscheinlich zum Teil in die Mitochondrienfraktion der Autoren eingehen und damit zu Verfälschungen der biochemischen Ergebnisse führen müssen. In den Versuchen sind lebende *Allium*-Epidermen, die vorher einer eingehenden cytomorphologischen und cytophysiologischen Analyse unterzogen waren, so daß absolute Klarheit über die morphologischen Verhältnisse herrschte, angeschnitten worden, so daß der plasmatische Inhalt mehr oder weniger stark in das „Homogenisationsmedium" treten konnte. Außerdem konnten traumatisch geschädigte Zellen und solche, die ungereizt erscheinen, parallel dazu beobachtet werden. Alle Versuche sind mit Hilfe eines Kühltisches bei ca. 5° C durchgeführt worden. Als Medien sind Glukoselösungen in Leitungswasser verwendet worden (0,1 bis 1,0 m), weiterhin mit 1/150 m Phosphatpuffer auf pH 7,0 eingestellte Glukoselösungen. Das Medium ist weiterhin durch Zusätze von Salzen (u. a. KCl, CaCl$_2$, MgCl$_2$) variiert worden. Parallel

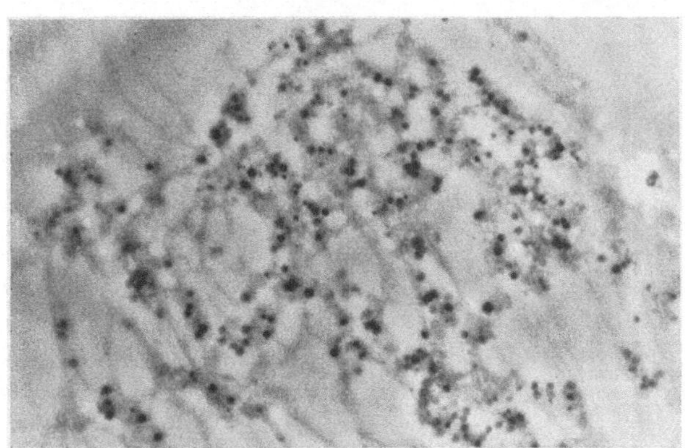

Abb. 21. Granuläre Zellpartikel, 15 Min. nach der Isolation (Erklärung im Text).

Zu den Abb. 21 bis 25: Die morphologische Degradation von Sphärosomen, Chondriosomen und Leukoplasten von *Allium*-Epidermiszellen nach Isolation in 0,8 m Glukose (in Leitungswasser gelöst, bei 5° C beobachtet).

dazu sind auch jugendliche Staubfadenhaare von *Tradescantia virginica* nach vorhergehender cytologischer Analyse in ähnlicher Weise in „Homogenisationsmedien" mechanisch verletzt worden, so daß der plasmatische Inhalt frei austreten konnte. Dabei ergab sich, daß auch meristematische Zellen, in welchen der Zellsaft noch nicht in dem Maße vorhanden ist wie in ausgewachsenen Dauerzellen (*Allium*-Epidermen), prinzipiell die gleichen Degradationserscheinungen der isolierten Plastiden, Chondriosomen und Sphärosomen zeigten. Entgegen der im Schrifttum verbreiteten Ansicht (vgl. Wildman und Cohen 1955, dort weitere Literatur) sind die bei isolierten Organellen auftretenden morphologischen Veränderungen nicht allein auf die Wirkung des Zellsaftes (Ansäuerung, Koagulation der Eiweißkörper u. ä.) zurückzuführen.

Die morphologischen Veränderungen von Leukoplasten, Chondriosomen und Sphärosomen sind in den Versuchen weitgehend unabhängig vom jeweiligen Medium eingetreten; es war bei 0,4 bis 0,8 m Glukose, in Leitungswasser gelöst, die Degradation zeitlich verzögert gegenüber allen anderen untersuchten Versuchsbedingungen. Die morphologische Degradation der Sphärosomen im Vergleich zu Chondriosomen geht aus den folgenden

Mikrophotographien (Phasenkontrastmikroskop) hervor (vgl. Abb. 21 bis Abb. 24).

Bis zu 20 Min. nach der Isolation (0,8 m Glukose in Leitungswasser gelöst, bei 5⁰ C) bleibt das Bild des isolierten Plasmas relativ unverändert.

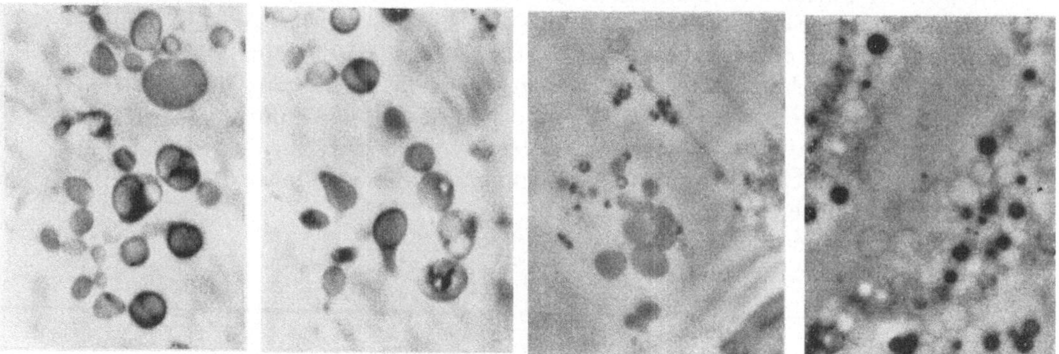

Abb. 22. Aus dem hyalinen Cytoplasma entstandene Artefakte, die Leukoplasten bzw. Chondriosomen täuschend ähnlich sind.

Wie Abb. 21 zeigt, sind granuläre Partikeln zu erkennen, die mehr oder weniger einen schwarzen Phasenkontrast liefern und zum wesentlichen aus Chondriosomen und Sphärosomen bestehen. Es bestehen zwischen diesen Partikeln gewisse Größenunterschiede. Bei subjektiver Beobachtung lassen

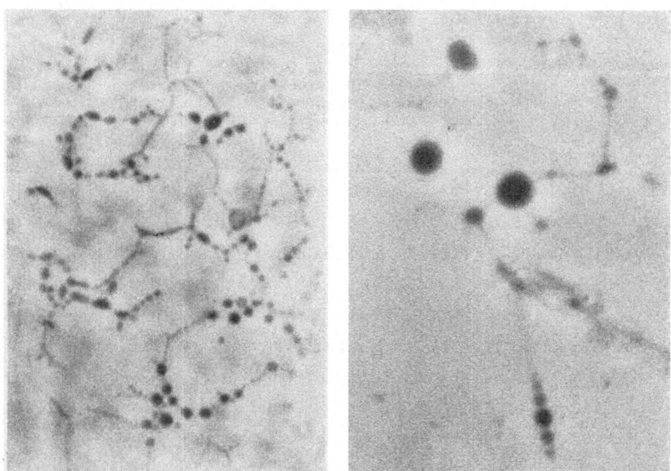

Abb. 23. Aus dem hyalinen Cytoplasma (Grenzschichten) entstandene Artefakte, die täuschend Sphärosomen bzw. Chondriosomen ähnlich sind.

sich Sphärosomen deutlich von Chondriosomen unterscheiden. Die letzteren sind in jedem Falle abgekugelt bzw. fragmentiert und haben damit die für eine lebende, intakte Zelle typischen Formen verloren. Die Sphärosomen bleiben anscheinend unverändert erhalten.

In dieser Phase sind aber bereits (vgl. Abb. 22 a—d) mehr oder weniger granuläre Gebilde, die in der Größenordnung von Chondriosomen und

Leukoplasten liegen, zu beobachten, die in keinem Falle mit diesen Organellen identisch sind. Es handelt sich um Plasmablasen, Artefakte, die aus
dem vorher hyalinen Cytoplasma entstanden sind. Sie können (vgl. Abb. 21)
das Aussehen von Leukoplasten bzw. Chondriosomen haben und lassen
sich durch die kontinuierliche Beobachtung vom Augenblick der mechanischen
Zerstörung der Zelle ab als solche identifizieren.

Weiterhin lassen sich Granulaketten verschiedenster Größe, die den gleichen Phasenkontrast liefern wie Chondriosomen bzw. Sphärosomen, erkennen. Bei der Isolation in 0,8 m Glukose erfolgt vorerst eine Plasmolyse, und
es kann der Nachweis geführt werden, daß diese „Granula" aus den
Grenzschichten des Cytoplasmas als Artefakte entstehen. Diese Tatsache
dürfte biochemisch im
Hinblick auf die hohe
enzymatische Leistung
plasmatischer Grenz-
schichten besonderes In-
teresse verdienen. In
Abb. 23 sind derartige
Granulationen mikro-
photographisch darge-
stellt.

In Abhängigkeit von
der Zeit kann in 25 Mi-
nuten, 30 Minuten und
45 Minuten eine typische
Degradation der isolier-
ten Chondriosomen fest-

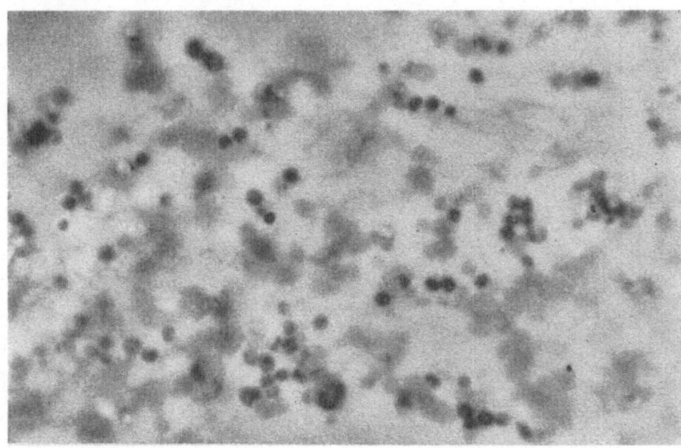

Abb. 24. Nach 25 Min. ist eine weitere Aufquellung der fragmentierten
und abgekugelten Chondriosomen zu beobachten.

gestellt werden, während die Sphärosomen noch unverändert erhalten
bleiben. Eine mögliche Quellung läßt sich nur schwer beurteilen, ist aber
wahrscheinlich.

Die Degradation der Chondriosomen ist als eine napfartige Entmischung
zu kennzeichnen und aus den Abb. 24—25 deutlich zu erkennen.

Im Endstadium der morphologischen Degradation isolierter Zellorganellen sind lediglich blasige Strukturen zu erkennen, deren Identifikation
nicht mehr möglich ist. Die napfartigen Chondriosomen verlieren ihren
dunklen Phasenkontrast und lagern sich zu schaumartigen Gebilden zusammen. Die Sphärosomen lösen sich auf und ihre Substanz verteilt sich
in den Grenzschichten dieser Blasen. Eine photographische Darstellung ist
jetzt nicht mehr möglich.

Eine cytomorphologische Identifizierung der im Homogenat auftretenden
Granula und blasenartigen Gebilde war lediglich durch die kontinuierliche
Beobachtung der verschiedenen Degradationsstadien möglich. Durch Vergleich mit Homogenaten aus *Allium*-Schuppenblättern, die durch Zerreiben
im Mörser oder mittels eines Starmix vorgenommen wurde, ergab sich die
Tatsache, daß eine einwandfreie Identifizierung der verschiedenen Gebilde
auch bei Anwendung von Vitalfärbungsmethoden (z. B. Janusgrün B, Rhodamin B u. a.), nach Fixation und Färbung der Ausstriche oder durch die

elektronenmikroskopische Analyse nicht möglich war (vgl. Perner 1952, 1953; Perner und Pfefferkorn 1953). Dies ist durch Stafford (1951), ebenso durch Bautz (1955) bestätigt worden. Es gilt vor allem für die Färbung mit Janusgrün B, daß sie im Homogenat zur Identifizierung von Chondriosomen versagt. Prinzipiell ist eine unspezifische Anfärbung verschiedenster Strukturen festzustellen. Die morphologische Degradation der isolierten Organelle ist in Abhängigkeit vom Medium und von der Zeit mehr oder weniger weit fortgeschritten, wie ein Vergleich mit den Abb. 19—24 ergab.

Bautz (1955) führt ähnliche Versuche mit dem Ziel der cytologisch einwandfreien Trennung von Chondriosomen und Sphärosomen im Homo-

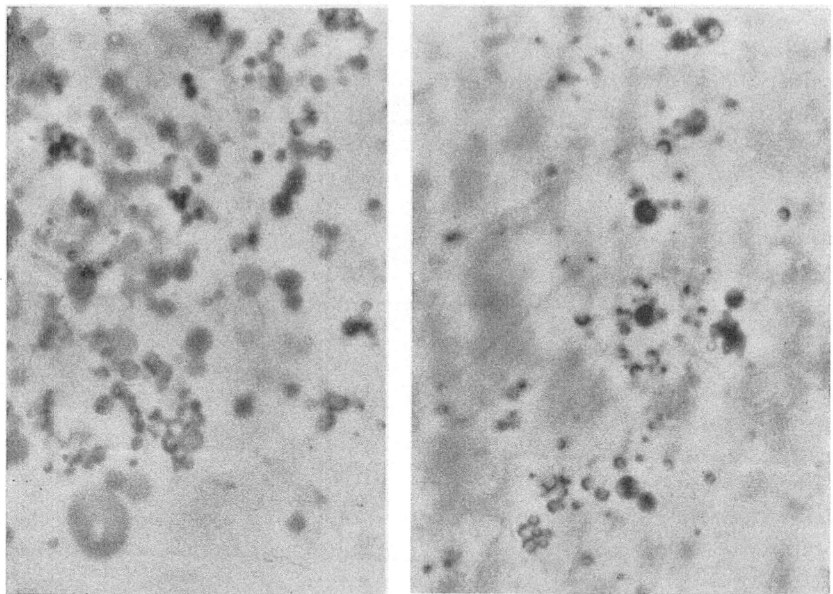

Abb. 25. Nach etwa 30 Min. (linkes Bild) und 45 Min. (rechtes Bild) erfolgt eine weitere Degeneration der isolierten Chondriosomen, Leukoplasten und Sphärosomen (Erklärung im Text).

genat und der Mitochondrienfraktion bei Hefe durch. Auch Bautz findet lichtbrechende Plasmaschollen und Plasmagerinnsel, welche zum Teil den Mitochondrien und Sphärosomen anhaften und schwer von ihnen zu trennen sind. Solche Artefakte sind nicht nur im Homogenat, sondern auch in den Mitochondrienfraktionen und den weiter aufgeteilten Subfraktionen nachweisbar gewesen.

Damit ergibt sich die Feststellung, daß die sogenannte Mitochondrienfraktion der Autoren (vgl. Lindberg und Enster 1954 u. a.) bei pflanzlichen Homogenaten in verschiedenster Weise verunreinigt ist und cytologisch niemals als einheitlich bezeichnet werden kann (vgl. Stafford 1951; McClendon 1952, 1953 u. a.). Sie kann neben „echten" Mitochondrien noch die folgenden Zellbestandteile enthalten:

1. Proplastiden, Leukoplasten und deren Trümmer,
2. Sphärosomen,

3. plasmatische Artefakte (aus hyalinem Cytoplasma und Plasmagrenzschichten entstanden) in der Größenordnung von Chondriosomen bzw. Sphärosomen,

4. Bruchstücke von Zellkernen, den einzelnen Partikeln mehr oder weniger stark anhaftend,

5. Öl- oder Fetttropfen, Stärkekörner u. ä.

Diese Zusammenstellung ergibt sich aus den in der Literatur vorliegenden Versuchen, die vom Augenblick einer Homogenisation bis zum biochemischen Versuch ablaufenden morphologischen Veränderungen zu erfassen und die im Isolat vorhandenen „Granula" zu identifizieren. Darüber hinaus dürfte die Homogenisation aber auch zu wesentlichen biochemischen Veränderungen führen, wobei die Inaktivierung bzw. Aktivierung von Enzymsystemen, enzymatische Freiläufe, sekundäre Adsorption u. ä. eine Rolle spielen mögen. Wie Raaflaub (1953) gezeigt hat, spielen ATP-Spaltprodukte dabei eine wesentliche Rolle. Wie Wildman und Cohen (1955) ausführen, kann eine Alteration auch durch Ionenwirkung, frei werdende organische Produkte, organische Säuren u. ä. eintreten. Wenn diese Autoren eine „fraction I protein" näher beschreiben, so ist auf die vorsichtige Beurteilung von seiten der Autoren hinzuweisen. Bei Vergleich mit cytomorphologischen Untersuchungen (mit Hilfe des Elektronenmikroskops) werden Bedenken gegen die Homogenisationstechnik geäußert, „that homogenization had affected the cytoplasm in an unfavorable way". Vom Standpunkt der Zellforschung müssen daher Äußerungen, wie sie Wildman und Cohen (1955) machen, außerordentlich befriedigen:

„We would imagine that no single fractionation scheme is yet suitable for isolation of all of the different classes of particles to be found in plant protoplasm. Instead, we feel that more attention should be devoted to the development of methods which will meet the peculiar requirements for isolation of each class of particles and which at the same time can be critically evaluated from both a cytological and cytochemical standpoint."

Im Hinblick auf die heute noch nicht mögliche Trennung der einzelnen Organellen und die Herstellung cytologisch reiner Fraktionen von Plastiden, Chondriosomen und Sphärosomen sind die heute vorliegenden qualitativen und quantitativen Angaben über stoffliche Zusammensetzung und enzymatische Leistung von Chondriosomen nur mit Vorbehalt zu verwenden. Mag auch der Befund der Fähigkeit zu oxydativer Phosphorylierung ein gutes Kennzeichen für einen ausreichenden Erhaltungszustand der isolierten „Zellpartikel" sein, so verbieten sich jedoch nähere Angaben über die Lokalisation von Enzymsystemen. In keinem Falle hat diese Methodik bei kritischer Durchsicht der Literatur gesicherte Angaben über spezifische Leistungen von Proplastiden, Leukoplasten oder Sphärosomen machen können. Diese Organelle sind wahrscheinlich in allen Fällen als nicht erkannte Verunreinigung in die sogenannte „Mitochondrienfraktion" der Autoren eingegangen. Eine Trennung ist, wie die Befunde von Bautz (1955) zeigen, kaum mit den heute zur Verfügung stehenden Techniken zu erwarten. Die nach biochemischer Analyse von sogenannten Mitochondrienfraktionen ausschließlich den Chondriosomen zugesprochenen enzymatischen Leistungen dürften wahrscheinlich zu einem noch unbekannten Teil denjenigen Elementen zuzusprechen sein, die in keinem Falle chondriosomaler Natur sind. Nachdem die traditionellen Methoden der Zellforschung (vgl. Abschn. II) keine befriedigende Auskunft über die spezifische Funktion der Sphärosomen geben konnten, vermag auch die Methode der Differentialzentrifugation bei dem gegenwärtigen Stand der Entwicklung dieses Problem noch nicht zu klären. Im Interesse der Aufklärung dieser für die Zellforschung wichtigen Fragen wäre eine Weiterentwicklung dieser biochemischen Methoden in enger Zusammenarbeit mit der Cytologie sehr zu begrüßen.

V. Zusammenfassung

Die Kontinuität des protoplasmatischen Stoffsystems der Zelle und der dort ablaufenden funktionellen Lebensprozesse hat nach den Befunden der Genetik, Stoffwechsel- und Entwicklungsphysiologie sowie Cytologie das Problem der steuernden Systeme mit Gencharakter in den Mittelpunkt des biologischen Interesses gerückt. Im Sinne einer „pangenetischen Fassung der Zellentheorie" nach Strugger hat sich die Zellforschung im letzten Jahrzehnt darum bemüht, die neben dem Zellkern wirksamen „Organelle" aufzufinden und deren biologische Natur näher aufzuklären.

In diesem Zusammenhang ist man auf bislang vernachlässigte Zellbestandteile aufmerksam geworden, die als „Mikrosomen" aus der Literatur bekannt sind und welche bislang als mehr oder minder ephemere Stoffausscheidungen des Cytoplasmas betrachtet wurden. Nach den heute vorliegenden cytologischen Befunden sind sie als persistierende Bestandteile des lebenden Protoplasten in allen untersuchten Zellen der höheren Pflanzen nachzuweisen gewesen. Bei den niederen Pflanzen haben sich gleichfalls „Granula" erkennen lassen, welche in bezug auf morphologische Eigenschaften und Reaktionen den Mikrosomen der Zelle höherer Pflanzen ähneln. Diese Gebilde lassen sich bei vergleichender lichtmikroskopischer Analyse mit Hilfe von Hellfeld-, Dunkelfeld- und Phasenkontrastmikroskop sowie durch Vitalfärbungsmethoden und klassische cytologische Verfahren in jedem Falle von den ebenfalls persistierenden Chondriosomen und Plastiden (Proplastiden, Chloroplasten, Leukoplasten und Chromoplasten) unterscheiden und identifizieren. Das Elektronenmikroskop erlaubt weiterhin eine Unterscheidung von strukturlosen Fett- oder Lipoidtropfen, was mit lichtmikroskopischen Methoden nicht immer möglich sein dürfte. Die elektronenmikroskopische Analyse hat darüber hinaus bestätigt, daß diese Gebilde eine spezifische Feinstruktur besitzen und damit in Übereinstimmung zu lichtmikroskopischen Untersuchungen plasmatischer Natur sein dürften. Im Hinblick auf diese nachgewiesenen Eigenschaften werden diese in der lebenden Zelle durch eine stärkere Lichtbrechung ausgezeichneten, immer kugeligen Gebilde als „Sphärosomen" bezeichnet.

Damit ist in der Zellforschung die Frage zu diskutieren, ob Sphärosomen ebenso wie Zellkern, Plastiden und Chondriosomen Organelle der Pflanzenzelle darstellen und welche biologischen Funktionen des Protoplasten auf ihre Leistungen zurückzuführen sind. Für eine mögliche Organellnatur sprechen neben der Persistenz der Sphärosomen die komplexe stoffliche Zusammensetzung aus Lipoiden und nicht näher bekannten proteidartigen Komponenten. Fett- bzw. lipoidartige Stoffe stellen den wesentlichen Anteil dar und bestimmen wesentliche Eigenschaften bei der Vitalfärbung. Aus der komplexen stofflichen Zusammensetzung dürfte sich auch die elektronenmikroskopisch nachgewiesene spezifische Feinstruktur ergeben. Noch unbekannt ist die Entstehung der Sphärosomen, wobei sie als vermutliche Organelle sui generis durch Teilung aus ihresgleichen entstehen müßten.

Die spezifischen Funktionen der Sphärosomen haben sich weder durch traditionelle Methoden der Zellforschung an der intakten, lebenden oder fixierten Zelle aufklären lassen noch durch die biochemische Analyse von Homogenaten bzw. durch Differentialzentrifugation aufgeteilter Partikelfraktionen. Die kritische Durchsicht der heute im Schrifttum vorliegenden Untersuchungen an pflanzlichen Homogenaten hat ergeben, daß die sogenannte „Mitochondrienfraktion" der Autoren in keinem Falle ausschließlich bzw. zum überwiegenden Teil aus „echten" Chondriosomen (Mitochondrien) zusammengesetzt ist. Sie ist vielmehr je nach Objekt und angewendeter Methodik durch Proplastiden, Leukoplasten, Sphärosomen und durch Bruchstücke dieser Organelle, weiterhin aber auch durch Artefakte verunreinigt, die aus dem intra vitam lichtmikroskopisch hyalinen Cytoplasma bei der Homogenisation bzw. im weiteren Arbeitsgang entstehen. Weiterhin ist damit zu rechnen, daß bei der mechanischen Homogenisation lebender Gewebe eine Desintegration aller plasmatischen Zellelemente eintritt, die sich bei der heute üblichen Technik nicht verhindern läßt. Aus diesen Gründen kann der biochemischen Analyse sogenannter Mitochondrienfraktionen nicht der analytische Wert in bezug auf Lokalisation von zellphysiologisch wichtigen Enzymsystemen zugesprochen werden, wie es gegenwärtig der Fall ist. Im Interesse einer befriedigenden Aufklärung des Problems der spezifischen Funktionen von Plastiden, Chondriosomen und Sphärosomen im Gefüge des lebenden Protoplasten und der kausalen Analyse der biologischen Grundfunktionen der Zelle wäre eine enge Zusammenarbeit von Cytologie und Biochemie wünschenswert.

Literatur

ALTMANN, R., 1890: Die Elementarorganismen und ihre Beziehungen zu den Zellen. Leipzig.
BAHR, G. F., 1954: Osmium tetroxyde and ruthenium tetroxyde and their reactions with biologically important substances. Exper. Cell Res. 7, 457.
BARTELS, F., 1955: Cytologische Studien an Leukoplasten unterirdischer Pflanzenorgane. Planta 45, 426.
BAUTZ, E., 1954 a: Beeinflussung der Indophenolblaubildung (Nadi-Reaktion) in Hefezellen. Naturw. 41, 375.
— 1954 b: Untersuchungen über die Mitochondrien von Hefe. Ber. dtsch. bot. Ges. 67, 281.
— 1955 a: Zytologische Untersuchungen an höheren Pilzen. Ber. dtsch. bot. Ges. 68, 197.
— 1955 b: Über Mitochondrienfärbungen bei höheren Pilzen. Naturw. 42, 619.
— 1955 c: Mitochondrienfärbung mit Janusgrün bei Hefen. Naturw. 42, 49.
— 1955 d: Die Verteilung von Plasmagranula bei der Sporenbildung von Saccharomyces-Bäckerhefe. Z. Naturforsch. 10 b, 313.

Bautz, E., 1955 e: Die Mitochondrien und Sphärosomen der Pflanzen-Zelle. Z. Bot. **44,** 109.
— 1956: Zytologische Untersuchungen an Mitochondrienfraktionen von Hefen. Naturforsch. **11 b,** 26.
— und H. Marquardt, 1953 a: Die Grana mit Mitochondrienfunktion in Hefezellen. Naturw. **40,** 531.
— — 1953 b: Das Verhalten oxydierender Fermente in den Grana mit Mitochondrienfunktion der Hefezelle. Naturw. **40,** 532.
— — 1954: Sprunghafte Änderungen des Verhaltens der Mitochondrien von Hefezellen gegenüber dem Nadi-Reagens. Naturw. **41,** 121.
— und H. Hagen, 1954: Spektroskopische Untersuchungen der Cytochrome bei Hefekulturen mit verschiedener Anzahl Nadi-positiver Zellen. Naturw. **41,** 458.
Benda, C. 1902: Die Mitochondria. Ergebn. Anat. u. Entw. **12,** 743.
Bennet, A. H., und Mit., 1951: Phase microscopy, principles and applications. New York.
Bensley, R. R., and I. Gersh, 1933: Studies on cell structure by the freezing-drying method. II. The nature of the mitochondria in the hepatic cell of *Amblystoma.* Anat. Rec. (Am.) **57,** 205.
— and N. L. Hoerr, 1934: Studies on the cell structure by the freezing-drying method. VI. The preparation and properties of mitochondria. Anat. Rec. (Am.) **60,** 449.
Berthet, I. L., and C. de Duve, 1952: Tissue fractionation studies. I. The existence of a mitochondria-linked enzymatically inactive form of acid phosphatase in rat liver tissue. Biochem. J. **50,** 174.
Brenner, S., 1953: Supravital staining of mitochondria with phenosafranin dyes. Biochem. a. Biophys. Acta **11,** 480.
Butterfass, Th., 1956: Vorarbeiten zur Topographie der Aufnahme tropfbaren Wassers durch oberirdische Pflanzenorgane. Inaug.-Diss. Math.-Naturw. Fak. Münster/Westfalen.
Chessin, R. W., 1951: Die Isolierung der Cytoplasmagranula, ihr Bau und ihre Rolle im innerzelligen Stoffwechsel (russ.). Erg. mod. Biol. **31,** F 1, 57 (übers. v. M. Gersch).
Chèvremont, M., et J. Frédéric, 1951: Recherches sur les chondriosomes en culture de tissues par la microcinématographie en contraste de phase. C. r. Soc. Biol. Paris **145,** 1243.
Claude, A., 1937: Zitiert nach Chessin (1951). Amer. J. Cancer **30,** 742.
— 1938: Zitiert nach Chessin (1951). Proc. Soc. exper. Biol. a. Med. (Am.) **39,** 398.
— 1943: Distribution of nucleic acid in the cell and the morphological constitution of cytoplasm. Biol. Symp. **10,** 111.
— 1946: Fractionation of mammalian liver cell by differential centrifugation. II. Experimental procedures and results. J. exper. Med. (Am.) **84,** 61.
— 1950: Studies on cell morphology and functions; methods and results. Ann. New York Acad. Sci. **50,** 854.
Cooperstein, S. J., L. M. Lazarow, and J. W. Patterson, 1953: II. Reactions and properties of janusgreen B and its derivatives (Studies on the mechanism of janus green B staining of mitochondria). Exper. Cell Res. **5,** 69.
Cowdry, N. H., 1917: A comparison of mitochondria in plant and animal cells. Biol. Bull. (Am.) **33,** 196.
— 1920: Experimental studies on mitochondria in plant cell. Biol. Bull. (Am.) **39,** 188.
— 1924: General Cytology. New York.
— 1926: Reactions of mitochondria to cellular injury. Arch. Path. (Am.) **1,** 237.
Dangeard, P. A., 1919: Sur la distinction du chondriome des auteurs en vacuome, plastidome et sphérome. C. r. Acad. Sci. Paris **169,** 1005.
Dangeard, P., 1941: Le role des constituents cellulaires dans la survie, en particulier du chondriome. C. r. Acad. Sci. Paris **213,** 697.
— 1942: Recherches sur les modifications du protoplasme dans les conditions permettant la survie de la cellule. Le Botaniste **31,** 189.
— 1947: Cytologie végétale et Cytologie générale. Paris.
Danielli, J. F., 1947: A study of the techniques for the cytochemical demonstrations of nucleic acids and some components of proteins. Symp. Soc. exper. Biol. **1,** 101.
— 1953: Cytochemistry. A critical approach. New York.
Drawert, H., 1952: Vitale Fluorochromierung der Mikrosomen mit Nilblausulfat. Ber. dtsch. bot. Ges. **65,** 263.

Drawert, H., 1953: Vitale Fluorochromierung der Mikrosomen mit Janusgrün, Nilblausulfat und Berberinsulfat. Ber. dtsch. bot. Ges. **66**, 135.
— 1955 a: Die vitale Fluorochromierung der Sphärosomen (Mikrosomen) mit einem aliphatisch im N substituierten Aminopyren. Naturw. **42**, 419.
— 1955 b: Vitalfluorochromierungen mit angeblichem „Magdalarot". Flora **142**, 479.
— und H. Gutz, 1953: Zur vitalen Fluorochromierung der Mikrosomen mit Nilblau. Naturw. **40**, 512.
— und J. Metzner, 1955: Vitalfluorochromierungen mit Brillantkresylblau-Präparaten verschiedener Herkunft. Ber. dtsch. bot. Ges. **68**, 385.
Du Buy, H. G., and M. D. Lackey, 1950: Enzymatic activities of isolated normal and mutant mitochondria and plastids of higher plants. Science **111**, 572.
Ephrussi, B., 1950: Induction par l'acriflavine d'une mutation spécifique chez la levure. Pubbl. della Staz. Zool. Napoli Suppl. **22**, 1.
— 1953: Nucleo-cytoplasmic relations in microorganisms. Oxford.
Förster, Th., 1946: Das Fluoreszenzvermögen organischer Farbstoffe. Naturw. **33**, 22 (und Naturw. **33**, 166).
Frédéric, J., et M. Ch vremont, 1952: Recherches sur les chondriosomes de cellules vivantes par la microscopie et la microcinématographie en contraste de phase. Arch. Biol. **63**, 109.
Frey-Wyssling, A., 1949: Fortschritte der Botanik. Bd. XII, 68.
— 1952: Deformation and flow in biological systems. Amsterdam.
— 1955: Die submikroskopische Struktur des Protoplasmas. Protoplasmatologia II A 2. Wien.
Girbardt, M., 1955 a: Lebendbeobachtungen an *Polystictus versicolor* (L.) Flora **142**, 540.
— 1955 b: Untersuchungen über die Querwandbildung bei Basidiomyceten. Ber. dtsch. bot. Ges. **68**, 423.
Glick, T., 1949: Techniques of histo- and cytochemistry. New York.
Goddard, A., and H. Stafford, 1954: Localization of enzymes in the cells of higher plants. Ann. Rev. Plant Physiol. **5**, 115.
Graffi, A., 1939: Zelluläre Speicherung cancerogener Kohlenwasserstoffe. Z. Krebsforsch. **49**, 477.
— 1940: Intrazelluläre Benzpyrenspeicherung in lebenden Normal- und Tumorzellen. Z. Krebsforsch. **50**, 196.
Granick, S., 1955: Plastid structure, development and inheritance. Hdb. Pflz.-Physiol. I, 507.
Guilliermond, A., 1919: Observations vitales sur le chondriome des végétaux et recherches sur l'origine des chromoplastes et le mode de formation des pigments xanthophylliens et carotiniens. Rev. Gen. Bot. **31**, 372, 446, 508, 532, 635.
— 1921 a: Sur les éléments figurés du cytoplasme chez les végétaux : chondriome, appareil vacuolaire et granulations lipoides. Arch. Biol. **31**, 82.
— 1921 b: Sur les microsomes et les formations lipoides de la cellule végétale. C. r. Acad. Sci. Paris **172**, 1676.
— 1923: Quelques remarques nouvelles sur la cytologie des levures. C. r. Soc. Biol. **88**, 517.
— G. Mangenot et L. Plantefol, 1933: Traité de Cytologie végétale. Paris.
Gutz, H., 1956: Zur Analyse der Granula-Fluorochromierung mit Nilblau in den Hyphen von *Mucor racemosus* Fres. Planta **46**, 481.
Von Hanstein (1880), zitiert nach Dangeard (1947).
Harman, J. W., 1950: Studies on mitochondria II. The structure of mitochondria in relation to enzymatic activity. Exper. Cell Res. **1**, 394.
— and M. Feigelson, 1952: Studies on mitochondria III. The relationship of structure and function of mitochondria from heart muscle. Exper. Cell Res. **3**, 47.
Hartmann, Ph., and Ch. Liu, 1954: Comperative cytology of wild-type *Saccharomyces* and a respirationally deficient mutant. J. Bacter. (Am.) **67**, 77.
Hilwig, J., und H. Schmitz, 1951: Über Beziehungen zwischen Verfettung und Stoffwechselhemmung an Gewebekulturen durch Zusatz von Berberin. Naturw. **38**, 336.
Hogeboom, G. H., W. C. Schneider, and G. E. Palade, 1947: The isolation of morphologically intact mitochondria from rat liver. Proc. Soc. exper. Biol. a. Med. (Am.) **65**, 320.
— and G. E. Palade, 1948: Cytochemical studies of mammalian tissues. I. The isolation of intact mitochondria from rat liver; some biochemical properties of mitochondria and submicroscopic particulate material. J. biol. Chem. (Am.) **172**, 619.

Huennekens, F. M., 1951: Studies of cyclophorase system XV. The malic oxidase. Exper. Cell Res. **2**, 115.

Jagendorf, A. T., 1955: Purification of chloroplasts by a density technique. Plant Physiol. **30**, 138.

Kern, H., 1956: Über das Vorkommen von Nucleinsäuren in isolierten Chloroplasten. Inaug.-Diss. Math.-naturw. Fak. Münster/Westf.

Köhler, A., und W. Loos, 1941: Das Phasenkontrastverfahren und seine Anwendung in der Mikroskopie. Naturw. **29**, 49.

Krieg, A., 1954 a: Mikroskopische Studien in vivo zur Zytologie der Hefezelle. Naturw. **10**, 172.

— 1954 b: Mikroskopische Untersuchungen in vivo an Azotobacterien-Zellen. Naturw. **41**, 147.

— 1954 c: Fluoreszenzmikroskopischer Nachweis der Speicherung von Berberin in Chondriosomenäquivalenten von Bakterien in vivo. Naturw. **41**, 19.

Krüger-Thiemer, E., und A. Lembke, 1954: Zur Definition der Mykobakteriengranula. Naturw. **41**, 146.

Kuff, E. L., and W. C. Schneider, 1954: Intracellular distribution of enzymes XII. Biochemical heterogeneity of mitochondria. J. biol. Chem. (Am.) **206**, 677.

Kuhn, R., und P. Jerchel, 1941: Über Invertseifen VIII. Reduktion von Tetrazoliumsalzen durch Bakterien, gärende Hefen und keimende Samen. Ber. dtsch. chem. Ges. **74**, 949.

Küster, E., 1951: Die Pflanzenzelle. 2. Aufl. Jena.

Lang, K., 1952: Lokalisation der Fermente und Stoffwechselprozesse in den einzelnen Zellbestandteilen und deren Trennung. 2. Koll. Ges. Chem. Phys. 1951 (Mosbach).

— 1953: Das Cyclophorase-System. Ang. Chemie **65**, 409.

— 1955: Die Fermentsysteme der Zelle. Verh. Ges. dtsch. Naturf. u. Ärzte, Berlin.

Laties, G., 1953: The physical environment and the oxidative and phosphorylative capacities of higher plant mitochondria. Plant Physiol. **28**, 559.

Lazarow, A., and S. J. Cooperstein, 1953: Studies of the mechanism of Janus green B staining of mitochondria. Exper. Cell Res. **5**, 56.

Lehmann, F. E., 1947: Über die plasmatische Organisation tierischer Eizellen und die Rolle vitaler Strukturelemente der Biosomen. Rev. Suisse Zool. **54**, 246.

— 1950: Die Morphogenese und ihre Abhängigkeit von elementaren biologischen Konstituenten des Plasmas. Rev. Suisse Zool. **57**, 141.

— 1952: Mikroskopische und submikroskopische Bauelemente der Zelle. 2. Koll. Dtsch. Ges. Chem. Phys. (Mosbach) 1951.

— und R. Biss, 1949: Elektronenoptische Untersuchungen an Plasmastrukturen des *Tubifex*-Eies. Rev. Suisse Zool. **56**, 264.

— und A. R. Wahli, 1954: Histochemische und elektronenmikroskopische Unterschiede im Cytoplasma der beiden Somatoplasten des *Tubifex*-Keimes. Z. Zellforsch. **39**, 618.

Lennert, K., 1955: Die Histochemie der Fette und Lipoide. Z. wiss. Mikrosk. **62**, 365.

Lettré, H., 1951: Zellstoffwechsel und Zellteilung. Naturw. **38**, 490.

Leyon, H., 1954: The structure of chloroplasts. IV. The development and structure of the *Aspidistra* chloroplast. Exper. Cell Res. **7**, 265.

Lindberg, O., and L. Ernster, 1954: Chemistry and physiology of mitochondria and microsomes. Protoplasmatologia III A 4, Wien.

Lindegren C., 1949: The yeast cell, its genetics and cytology. Saint Louis.

Marquardt, H., 1952: Die Natur der Erbträger im Zytoplasma. Ber. dtsch. bot. Ges. **65**, 197.

— 1954: Genetik der Mikroorganismen. Fortschr. Bot. **16**, 292, Berlin.

— und E. Bautz, 1954: Die Wirkung einiger Atmungsgifte auf das Verhalten von Hefe-Mitochondrien gegenüber der Nadireaktion. Naturw. **41**, 361.

— und E. Bautz, 1955: Das Verhalten verschiedener Hefearten gegenüber der in vivo durchgeführten Indophenolblau- (Nadi-) Reaktion. Arch. Mikrobiol. **23**, 251.

McClendon, J. H., 1952: The intracellular localization of enzymes in tobacco leaves I. Identification of components of homogenate. Amer. J. Bot. **39**, 275.

— 1953: The intracellular localization of enzymes in tobacco leaves II. Cytochrome oxidase, catalase and polyphenoloxidase. Amer. J. Bot. **40**, 260.

Meissel, M. W., N. A. Pomoschtnikowa und J. und M. Schawlowski, 1950: Die Unterdrückung der Atmungsintensität der Zelle bei selektiver Blockierung der Chondriosomen (russ.). Ber. Akad. Wiss. UdSSR, N. S. **70**, 1065.

Meves, F., 1904: Über das Vorkommen von Mitochondrien bzw. Chondromiten in Pflanzenzellen. Ber. dtsch. bot. Ges. Bd. XXII, 284.

Meyer, A., 1920: Morphologische und physiologische Analyse der Zellen der Pflanzen. und Tiere. Jena.

Michaelis, P., 1955: Über Gesetzmäßigkeiten der Plasmon-Umkombination und über eine Methode zur Plastiden-, Chondriosomen- resp. Sphärosomen- (Mikrosomen-) und eine Zytoplasmavererbung. Cytologia 20, 315.

Millerd, A. 1951: Succino-oxidase of potato tuber. Proc. Linn. Soc. N. S. W. 76, 123.

— and J. Bonner, 1953: The biology of plant mitochondria. J. Histo- a. Cytochem. 1, 254.

Mudd, St., L. C. Winterscheid, E. Delamater und Henderson, 1951: Evidence suggesting that the granules of *Mycobacteria* are mitochondria. J. Bact. 62, 459.

Mundkur, B., 1953: Mitochondrial distributions in *Saccharomyces*. Nature 171, 793.

Mühlethaler, K., 1956: Untersuchungen über die Struktur und Entwicklung der Proplastiden. Protoplasma 45, 264.

Newcomer, E. H., 1940: Mitochondria in plants. Bot. Rev. 6, 85.

— 1951: Mitochondria in plants II. Bot. Rev. 17, 53.

Novikoff, A. B., and coll., 1953: Biochemical heterogeneity of the cytoplasmic particles isolated from rat liver homogenate. J. Histo- a. Cytochem. 1, 27.

Paigen, K., 1954: The occurance of several biochemically distinct types of mitochondria in rat liver. J. Biol. Chem. (Am.) 206, 945.

Palade, G. E., 1952: The fine structure of mitochondria. Anat. Rec. (Am.) 114, 427.

— 1953: An electron microscope study of the mitochondrial structure. J. Histo- a. Cytochem. 1, 188.

Perner, E. S., 1952 a: Zellphysiologische und zytologische Untersuchungen über den Nachweis und die Lokalisation der Cytochrom-Oxydase in *Allium*-Epidermiszellen. Biol. Zbl. 71, 43.

— 1952 b: Die Vitalfärbung mit Berberinsulfat und ihre physiologische Wirkung auf Zellen höherer Pflanzen. Ber. dtsch. bot. Ges. 65, 52.

— 1952 c: Über die Veränderungen der Struktur und des Chemismus der Zelleinschlüsse bei der Homogenisation lebender Gewebe. Ber. dtsch. bot. Ges. 65, 235.

— 1953: Die Sphärosomen (Mikrosomen) pflanzlicher Zellen. Protoplasma 42, 32.

— 1954: Untersuchungen über die Chondriosomen und Sphärosomen in Pflanzenzellen. Hab.schr. Math.-naturw. Fak. Münster/Westf.

— 1954: Zum mikroskopischen Nachweis des „primären Granums". Ber. dtsch. bot. Ges. 67, 26.

— 1956: Die Organelle der Pflanzenzelle (Film). Inst. wiss. Film Göttingen (1955).

— und G. Pfefferkorn, 1953: Pflanzliche Chondriosomen im Licht- und Elektronenmikroskop unter Berücksichtigung ihrer morphologischen Veränderungen bei der Isolierung. Flora 140, 98.

— und M. Losada-Villasante, 1956: Die Zellorganelle der Wurzelhaare von *Trianea bogotensis*. Protoplasma XLVI, 579.

Pfeffer, W., 1886: Über Aufnahme von Anilinfarbstoffen in lebende Zellen. Unters. Bot. Inst. Tüb. 2, 179.

Piekarski, G., 1952: Zellkernäquivalente der Bakterien. 2. Coll. Dtsch. Ges. Phys. Chem. (Mosbach 1951).

Porter, K. R., and F. Kallman, 1953: The properties and effects of osmium tetroxyde as a tissue fixative with special reference to its use for electron microscopy. Exper. Cell Res. 4, 127.

Potter, V. R., and C. A. Elvehjem, 1936: A modified method for the study of tissue oxidation. J. Biol. Chem. (Am.) 114, 495.

Raaflaub, J., 1953: Die Schwellung isolierter Leberzellenmitochondrien und ihre physikalisch-chemische Beeinflußbarkeit. Helvet. Physiol. Acta 11, 142.

Ritchie, D., and P. Hazeltine, 1953: Mitochondria in *Allomyces* under experimental conditions. Exper. Cell Res. 5, 261.

Rhodin, J., 1954: Correlation of ultrastructural organization and function in normal and experimentally changed proximal convoluted tubule cells of the mouse kidney. Thesis, Stockholm 1954 (Karolinska Institutet).

Romeis, B., 1948: Mikroskopische Technik. 2. Aufl. München.

Sauerland, R., 1956: Fluoreszenzmikroskopische Untersuchungen über die Aufnahme und Speicherung von Irisblau und Rhodamin 6 G extra. Inaug. Dissertation, math.-naturw. Fakultät Münster.

Schanderl, H., 1950: Über das Studium der Chondriosomen pflanzlicher Zellen intra vitam. Züchter 20, 65.

Schmitz, H., 1951: Über die Speicherung des Berberins in den Granula von Tumorzellen. Naturw. 38, 405.

Schneider, W. C., 1947: Nucleic acids in normal and neoplastic tissues. Cold
Spring Harb. Symp. Quant. Biol. 12, 169.

— 1950: Intracellular distribution of enzymes VI. The distribution of succin-
oxidase and cytochrome oxidase activities in normal mouse liver and in mouse
hepatome. J. Nat. Canc. Inst. 10, 969.

— 1951: Cytochemical studies of mammalian tissues. The isolation of cell components by differential centrifugation. A review. Cancer Res. 11, 1.

Schümmelfeder, N., 1949: Indophenolblausynthese und -ablagerung in Zellen bei
der histologischen Oxydasereaktion. Klin. Wschr. 27, 143.

Senn, G., 1904: Die Dunkellage der Chlorophyllkörner. Verh. Schweiz. Naturf.
Ges., 87. Jahresvers., S. 244.

— 1908: Die Gestalts- und Lageveränderung der Pflanzen-Chromatophoren.
Leipzig, Engelmann.

Siwicka-Tarwidowa, H., 1943: Sur l'évolution du chondriome pendant le dévelop-
ment du sac embryonnaire de l'*Orchis latifolius*. Acta Soc. Bot. Polon. 11, 511.

Sjöstrand, F. S., 1953: Electron microscopy of mitochondria and cytoplasmic
double membranes. Nature 171, 30.

— 1955: The importance of high resolution electron microscopy in tissue cell
structure research. Science Tools 2, 25.

— and J. Rhodin, 1953: The ultrastructure of the proximal convoluted tubules
of the mouse kidney by high resolution electron microscopy. Exper. Cell Res.
4, 426.

Sorokin, H., 1938: Mitochondria and plastids in living cells of *Allium Cepa*. Amer.
J. Bot. 25, 28.

— 1941: The distinction between mitochondria and plastids in living epidermal
cells. Amer. J. Bot. 28, 476.

— 1955 a: Mitochondria and spherosomes in the living epidermal cell. Amer. J.
Bot. 42, 225.

— 1955 b: Mitochondria and precipitates of A-Type vacuoles in plant cells. J. Arnold
Arboretum 36, 293.

Spiekermann, R., 1956: Cytochemische Untersuchungen über das Vorkommen von
Nucleinsäuren in den Proplastiden. Inaug. Diss. Münster/Westf.

Stafford, H., 1951: Intracellular localization of enzymes in pea seedlings. Physiol.
plant. 4, 696.

Steffen, K., 1953: Zytologische Untersuchungen an Pollenkorn und -schlauch I.
Phasenkontrastoptische Lebenduntersuchungen an Pollenschläuchen von *Galanthus nivalis*. Flora 140, 140.

— 1955: Chondriosomen und Mikrosomen (Sphärosomen). Hb. Pflz.physiol. I, 574,
Berlin.

— 1955: Einschlüsse. Hdb. Pflz.physiol. I, 401, Berlin.

Steiner, M., und H. Heinemann, 1954 a: Grana mit positiver Nadireaktion als
Ort der primären Fettbildung in Pilzzellen. Naturw. 41, 40.

— — 1954 b: Über die Beziehungen zwischen den fettbildenden Grana und typischen Mitochondrien in den Zellen von *Oospora lactis*. Naturw. 41, 90.

Steinhoff, D., 1956: Beiträge zur Cytologie von *Mucor mucedo* Bref. und der
Einfluß von Benzol, Naphthalin und 2, 5-Bisäthyleniminobenzochinon, 1, 4 auf die
Entwicklung des Mycels. Inaug.-Diss. Math.-naturw. Fak. Münster/Westf.

Stocking, C. R., 1952: The intracellular location of phosphorylase in leaves. Amer.
J. Bot. 39, 283.

Strugger, S., 1938: Die Vitalfärbung des Protoplasmas mit Rhodamin B. Protoplasma 30, 85.

— 1939: Die lumineszenzmikroskopische Analyse des Transpirationsstromes in
Parenchymen. 2. Die Eigenschaften des Berberinsulfats und seine Speicherung
durch lebende Zellen. Biol. Zbl. 59, 274.

— 1947: Die Anwendung des Phasenkontrastverfahrens zum Studium der Pflanzenzelle. Ztschr. Naturf. 2 b, 146.

— 1949: Praktikum der Zell- und Gewebephysiologie der Pflanze. 2. Aufl., Heidel-
berg.

— 1950: Über den Bau der Proplastiden und Chloroplasten. Naturw. 7, 166.

— 1951: Die Strukturordnung im Chloroplasten. Ber. dtsch. bot. Ges. 64, 69.

— 1953 a: Die historische Entwicklung und der gegenwärtige Stand der Zellentheorie des Lebens. Schr. Ges. Förd. Westf. Landesuniv. Münster 29.

— 1954: Über die Struktur der Proplastiden. Ber. dtsch. bot. Ges. 66, 439.

Strugger, S., 1954 b: Die Proplastiden in den jungen Blättern von *Agapanthus umbellatus* L'Herit. Protoplasma **43**, 120.
— und E. Perner, 1956: Beobachtungen zur Frage der ontogenetischen Entwicklung des somatischen Chloroplasten. Protoplasma XLVI, 711.
von la Valette St. George, 1886: Spermatologische Beiträge. Arch. mikrosk. Anat. **27**.
Warburg, O., 1948: Schwermetalle als Wirkungsgruppen in Fermenten. Saenger, Berlin.
Weber, Fr., 1952: Referat, Protoplasma **41**, 263.
Weier, T. E., 1942: A cytological study of the carotene in the root of *Daucus carota* under various experimental treatments. Amer. J. Bot. **29**, 35.
— and C. R. Stocking, 1952: The chloroplast: Structure, inheritance and enzymology II. Bot. Rev. **18**, 14.
Wildman, S. G., and M. Cohen, 1955: The chemistry of plant cytoplasm. Hdb. Pflz.physiol. I, 243.
Wohlfarth-Bottermann, K. E., 1954: Cytologische Studien. Zur sublichtmikroskopischen Struktur des Cytoplasmas und zum Nachweis seiner „Partikelpopulationen". Protoplasma **42**, 347.
Wolter, H., 1950: Experimentelle und theoretische Untersuchungen zur Abbildung nicht absorbierender Objekte. Ann. Physik (Leipzig) **7**, 147.
— 1954: Das Phasenkontrastverfahren und seine Anwendbarkeit auf chemische Untersuchungen. Fortchr. chem. Forsch. **3**, 1.
Yin, H. C., 1948: Phosphorylase in plastids. Nature **162**, 928.
Ziegler, H., 1953: Über die Reduktion des Tetrazoliumchlorids in der Pflanzenzelle und über den Einfluß des Salzes auf Stoffwechsel und Wachstum. Z. Naturforsch **8 b**, 662.